手机游戏

视觉设计法则

严晨 张岩艳 著

机械工业出版社
China Machine Press

图书在版编目（CIP）数据

手机游戏视觉设计法则 / 严晨，张岩艳著. — 北京：机械工业出版社，2015.6

ISBN 978-7-111-50470-2

Ⅰ . 手… Ⅱ .①严… ②张… Ⅲ . 移动电话机—游戏程序—视觉设计 Ⅳ . TN929.53

中国版本图书馆 CIP 数据核字（2015）第 127185 号

　　智能手机的普及让用户可以不再受电缆的束缚，在帐篷里、凳子上甚至厕所里随时随地玩耍游戏，这种更加自由的游戏方式给用户创造了更多沉浸于游戏中的机会、平台与时间，手机游戏也因此越来越受到大众的关注与喜爱。在这一过程中，手机游戏的设计成为设计界的焦点，如何才能让游戏脱颖而出、获得用户青睐呢？本书试图从视觉设计的角度出发，引领读者理解和掌握设计出优秀手机游戏的方法与思路。

　　本书将手机游戏视觉设计的方法与思路总结归纳为一条条凝练的法则，分 9 章介绍了手机游戏视觉设计的总体原则，以及图标按钮、图片、色彩、图表表现、文字、选关界面、操作说明、游戏特效的设计和运用。每条法则下均对应列举和剖析了大量手机游戏的视觉设计案例，以便读者了解法则在实践中的运用，在巩固学习效果的同时也为日后的设计工作开拓了思路。

　　本书适合从事手机游戏 UI 设计工作的人员阅读和学习，也可作为游戏及移动 APP 设计与开发从业人员的实用参考。

手机游戏视觉设计法则

出版发行：机械工业出版社（北京市西城区百万庄大街 22 号　邮政编码：100037）

责任编辑：杨　倩

印　　刷：北京天颖印刷有限公司	版　　次：2015 年 8 月第 1 版第 1 次印刷
开　　本：170mm×242mm　1/16	印　　张：12.25
书　　号：ISBN 978-7-111-50470-2	定　　价：59.00 元

凡购本书，如有缺页、倒页、脱页，由本社发行部调换

客服热线：(010) 88379426　88361066　　　　　　投稿热线：(010) 88379604

购书热线：(010) 68326294　88379649　68995259　　读者信箱：hzit@hzbook.com

前言

据市场研究公司eMarketer的预测，随着智能手机采用率的日益增加，2015年全球智能手机用户量将达到19.1亿。面对这个庞大的用户群体，设计界掀起了与智能手机相关的移动UI设计的热潮。其中的手机游戏作为智能手机中重要的娱乐休闲功能，绝大多数用户都对其钟爱有加，因此对手机游戏的研究也成为移动UI设计的重头戏。

人们平时闲暇时都愿意掏出手机玩会儿游戏，以打发无聊与空闲的时光。针对这种行为模式，各式各样的游戏层出不穷，那么要怎样才能让你设计的游戏脱颖而出呢？首先可以从吸引用户的眼球入手，因此，本书从手机游戏视觉设计的角度，探讨怎样的视觉设计才能让手机游戏获得更多用户的青睐。

本书采用"点"状的分布与叙述形式，将手机游戏视觉设计的方法和技巧归纳总结为一条条凝练的法则，试图让读者更加快捷地学习手机游戏视觉设计的方法与思路。

全书内容分三大部分，共9章。第1章和第2章构成本书第一大部分。第1章试图从总体上展现手机游戏视觉设计的概貌，让读者可以大致了解什么是手机游戏的视觉设计；第2章则介绍了手机游戏的大环境以及与手机游戏视觉设计相关的手势交互设计，为读者进一步开启手机游戏视觉设计世界的大门。

第3～7章为本书的第二大部分。这一部分从具体的视觉元素入手，让读者进一步掌握手机游戏的视觉设计法则。其中，第3章讲解了手机游戏图标按钮的设计；第4章讲解的是手机游戏界面中图的运用；第5章则讲解了手机游戏界面的色调选择及色彩搭配；在如今这个读图时代，信息可视化也是视觉设计不容忽视的部分，第6章便围绕这一点讲解了手机游戏中的图表表现方式，让读者更加全面地了解让手机游戏视觉设计变得多元化的方式；第7章介绍了手机游戏界面中的文字元素设计，文字对于手机游戏而言是不可或缺的，好的文字安排与设计能够起到锦上添花的作用。

本书的最后一部分为第8章与第9章。游戏选关界面布局与操作说明可以说是手机游戏界面中的常客，因此第8章便主要阐述了与选关界面布局及操作说明相关的视觉设计法则；而游戏特效也是增强游戏视觉体验的重要手段，因此第9章便从手机游戏特效的角度，为读者完善手机游戏的视觉设计提供更多的灵感与设计思路。

全书采用了图文并茂的编排方式，并引用和剖析了大量手机游戏视觉设计案例，旨在通过这种简洁而直观的图形化描述方式，让读者能够更加轻松地掌握手机游戏视觉设计的法则与方法。

本书由北京印刷学院严晨老师编写第1章~第5章内容，由北京工业大学实验学院张岩艳老师编写第6章~第9章内容。本成果受北京印刷学院校级科研教学团队培养办法、北京印刷学院数字媒体艺术实验室（北京市重点实验室）资助。尽管作者在编写过程中力求准确、完善，但是书中难免会存在疏漏之处，恳请广大读者批评指正，让我们共同对书中的内容进行探讨，实现共同进步。

编者

2015年5月

一、加入微信公众平台

方法一：　查询关注微信号

　　打开微信，在"通讯录"页面点击"公众号"，如图1所示，页面会立即切换至"公众号"界面，再点击右上角的十字添加形状，如图2所示。

图1

图2

　　然后在搜索栏中输入"epubhome恒盛杰资讯"并点击"搜索"按钮，此时搜索栏下方会显示搜索结果，如图3所示。点击"epubhome 恒盛杰资讯"进入新界面，再点击"关注"按钮就可关注恒盛杰的微信公众平台，如图4所示。

图3

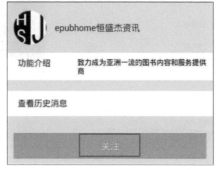

图4

关注后，页面立即变为如图5所示的结果。然后返回到"微信"页中，再点击"订阅号"进入所关注的微信号列表中，如图6所示。

图5

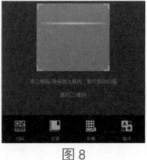

图6

方法二：扫描二维码

在微信的"发现"页面中点击"扫一扫"功能，如图7所示，页面立即切换至如图8所示的画面中，将手机扫描框对准如图9所示的二维码即可扫描。其后面的关注步骤与方法一中的一样。

图7　　　　　　　　　图8　　　　　　　　　图9

二、获取资料地址

书的背面有一组图书书号，用"扫一扫"功能可以扫出该书的内容简介和售价信息。在微信中打开"订阅号"内的"epubhome 恒盛杰资讯"后，回复本书书号的后 6 位数字（504702），如图 10 所示，系统平台会自动回复该书的实例文件下载地址和密码，如图 11 所示。

图10　　　　　　　　　　　　　　　图11

⚙ 三、下载资料

1. 将获取的地址，输入到 IE 地址栏中进行搜索。

2. 搜索后跳转至百度云的一个页面中，在其中的文本框中输入获取的密码（注意区分字母大小写），然后单击"提取文件"按钮，如图 12 所示。此时，页面切换至如图 13 所示的界面中，单击实例文件右侧的"下载"按钮即可。

提示：下载的资料大部分是压缩包，读者可以通过解压软件（类似WinRAR）进行解压。

图12

图13

目录

CONTENTS

第 1 章

智能手机游戏视觉设计须知

- ◆ 熟悉智能手机游戏中渗透的移动UI视觉设计理念
- ◆ 掌握通过视觉设计提升智能手机游戏用户体验的诀窍
- ◆ 熟悉游戏世界观与游戏类型对智能手机游戏设计的影响

1.1 智能手机游戏中渗透的移动 UI 视觉设计

　　随着移动通信网络和移动终端设备技术的飞速发展，人们已经逐渐步入了移动互联网与智能手机的新时代，随之而来的便是因智能手机的普及而掀起的手机游戏娱乐热潮，而手机游戏设计中至关重要的一环便是视觉设计。

　　同时，由于游戏是运行在智能手机这一平台之上的，可以说智能手机是游戏的载体，而我们需要对智能手机进行接触与相应的操控才能进行游戏体验，因此在谈智能手机游戏的视觉设计之前，我们不得不提到与智能手机密切相关的"UI"的概念。

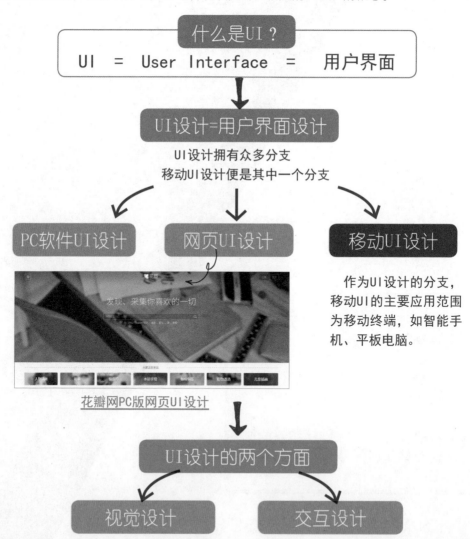

花瓣网PC版网页UI设计

移动UI设计的视觉表现形式

系统操作界面

移动终端设备会自带操作系统，现今主要流行的移动操作系统有苹果iOS系统、谷歌Android系统与微软Windows Phone系统，在操作系统中便存在移动UI设计。

APP操作界面

APP是英文Application的缩写，它是指在智能手机等移动终端上运行的第三方应用程序。不同的APP也会采用不同的UI表现形式。

苹果iOS 7系统操作界面

天气类APP界面

购物类APP界面

智能手机游戏作为移动APP的一种，其UI设计自然也包括视觉设计和交互设计两个方面。

游戏类APP界面

法则一　视觉设计必须考虑游戏运行的硬件环境条件

最初的手机游戏设计几乎没有视觉设计的概念，这其实是由当时的移动终端技术限制所决定的。下面就以曾经风靡全球的"贪吃蛇"游戏为例，看看移动终端技术的发展对手机游戏视觉设计的影响。

在移动终端技术发展的初期，手机硬件性能相对较弱，显示屏尺寸很小，并且只能显示单一色彩，此时的"贪吃蛇"游戏界面几乎没有经过设计，仅由单色的点、线组成，显得简陋而单调。

随着科技的进步，彩屏手机出现了，性能也越来越强大，于是许多改进版的"贪吃蛇"游戏便出现了，3D技术、丰富绚烂的色彩、精致完整的场景……这些视觉设计技术的应用都让"贪吃蛇"游戏变得越来越"好看"，既满足了人们逐步提高的视觉审美要求，又能让人们在赏心悦目中获得愉快的游戏体验。

最初的"贪吃蛇"游戏　　　　　　科技进步，"贪吃蛇"也与时俱进
游戏界面简陋而单调　　　　　　**游戏界面开始变得丰富而绚丽**

可以说，硬件技术的进步催生了一场手机游戏设计领域的改革与更新，为设计师们提供了更广阔的施展空间，视觉设计在手机游戏设计中的地位也越来越重要了。

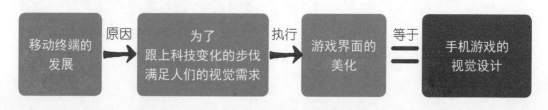

移动终端的发展 → 原因 → 为了跟上科技变化的步伐满足人们的视觉需求 → 执行 → 游戏界面的美化 → 等于 → 手机游戏的视觉设计

尽管如此，游戏视觉设计还是不能随心所欲，因为任何硬件设备的承载力都有上限，进行手机游戏视觉设计时如果不考虑这种限制，可能会最终导致游戏启动缓慢、运行卡顿甚至异常退出等。智能手机硬件设备千差万别，因而在游戏设计开发中要考虑的硬件因素也有很多，如屏幕参数、电池容量、内存大小等，其中与视觉设计直接相关的要数屏幕尺寸、分辨率、屏幕密度等。

因此，随着硬件设备的更新与改革，当我们在进行手机游戏的视觉设计时，可以对游戏界面进行改进与美化，让游戏看起来更加精美，但却需要考虑到硬件设备的条件与功能，否则过于华丽与精细的视觉设计只会拖慢手机游戏的速度，不能流畅地在移动设备中运行，同时还可能会产生无法打开游戏的后果。

法则二　视觉设计与交互设计相辅相成

说完了视觉设计，再来看看交互设计。如今的智能手机已经不仅仅停留在彩屏的阶段，移动设备中的一大亮点"触屏"技术的应用更有力地推动了智能手机的应用和普及。相对于需要通过手机键盘才能控制手机的操作方式而言，"触屏"技术极大地解除了机器对人们的束缚，如今人们可以通过手指与手机屏幕的直接接触，更加直观与方便地控制手机中的程序。

非触屏传统手机

触屏智能手机

人体要通过键盘才能
控制手机
完成一项操作可能要
多次敲按键盘

触屏手机摆脱了键盘对操控的束缚
还原了双手的灵活性
形成了随心所欲的
便捷操作方式

触屏技术拉近了人与机器的距离，让手机与我们的双手几乎合二为一，这种具有同步感的操作方式带领人们进入了操作体验的新世界，给手机游戏带来了翻天覆地的变化，开创了游戏操控方式的新天地，同时也让一个新的设计领域得以兴旺与发展，那便是交互设计。

如前所述，交互设计是UI设计的一个方面，从字面上理解,UI设计就是用户界面设计，界面是呈现在视觉层面上的，但除此之外，用户与界面也会形成一种操作关系，以网站界面为例，如下图所示。

花瓣网网站首页界面

网页界面跳转到与橡皮章相关的界面

用户在点击花瓣网网站首页界面中的"橡皮章"按钮后
界面便会跳转到与橡皮章相关的另一界面

如上图所示，一个界面会包含开启另一界面的入口，界面间这样的分布与关联，也让用户与界面间形成了互动的关系，对于这种关系的安排与设计，便称为交互设计。

应用于移动设备中的UI设计，也就是移动UI设计同样也包含视觉设计与交互设计两个方面，手机游戏的UI设计则更是如此。交互设计虽然不属于视觉设计的范畴，但却在一定程度上影响与左右着视觉设计，有了视觉设计才能形成交互操作，而有了交互操作才能让用户实现对游戏的操控。可以说，智能手机游戏的UI设计中，视觉设计和交互设计是相辅相成、不可分割的关系，进行视觉设计时必须综合考虑交互设计，如下图所示。

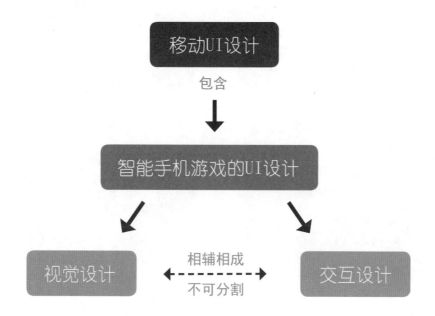

法则三　视觉设计要以用户体验为核心

通过前文的阐述，我们可以对智能手机游戏的视觉设计建立起大致的理解与认识，简单来说，任何停留在视觉层面的设计就是视觉设计，智能手机游戏中的视觉设计也是如此。

智能手机游戏的界面是由各种视觉元素组成的，可以说，视觉元素是智能手机游戏视觉设计的基础，没有这些元素便无法进行视觉设计。下面就让我们先来看看手机游戏界面中都包含哪些视觉元素。

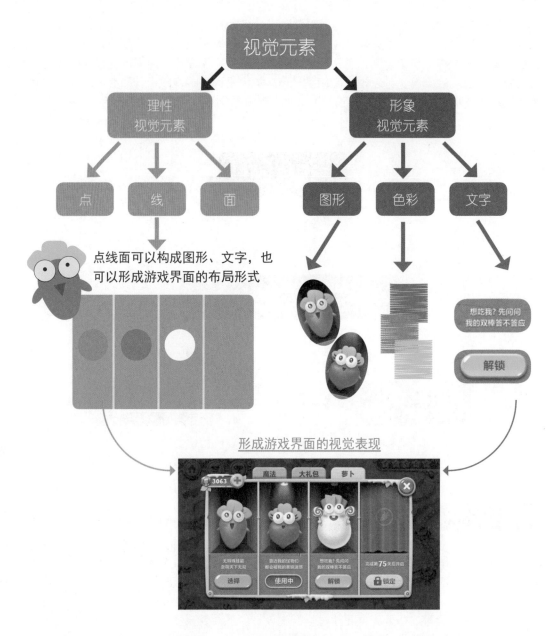

手机游戏视觉设计正是通过对上述视觉元素的组合、搭配与表现构成了游戏界面，在传达出游戏设计的意图与思想的同时，为用户搭建了一个可以进行游戏的环境与平台。然而，对这些视觉元素的使用也必须遵守一定的准则。

智能手机游戏的服务对象始终是用户，在智能手机硬件性能飞速进化的今天，用户已不仅仅满足于"看到"精美的界面了，他们还希望能够获得更舒适的操作感受。因此，在进行视觉设计时，对视觉元素的使用必须时刻以用户体验为核心。

对于智能手机游戏的设计而言，我们可以将需要照顾的用户体验主要分为视觉层与操作层这两个方面，如右图所示。而用户只有通过视觉感知到了可操作元素的存在才能了解游戏界面的操作途径并进行相应操作，因此，操作层面的用户体验是需要通过视觉元素的添加来实现的，也就是说，这两个层面的用户体验最终都会落实到视觉设计上来。

下面便通过几个例子来看看视觉元素的使用对用户体验的影响。

不怎么好看的 视觉设计	好看却没有兼顾用户体验 的视觉设计	好看又兼顾用户体验的 视觉设计

不能在视觉上给用户带来愉悦与舒适的体验	丰富了界面中的视觉元素，界面更具表现力，能带来赏心悦目的视觉体验，然而却没有明确的视觉元素去提示用户该如何进行操作，影响了用户体验。	添加视觉元素，形成交互按钮，让用户能够明白如何对界面进行操作，并且也有了对界面进行操控的平台，这样的添加提升了用户体验。

『天气爱消除』游戏界面

表现交互操作的视觉元素在界面中的添加也并非毫无依据，不恰当的视觉元素的设计同样无法使用户感知到界面中交互功能的存在，以下便是两个这样的例子。

不恰当的交互按钮视觉设计

<u>按钮尺寸过小</u>

<u>按钮表意不明确且
与游戏界面不融洽</u>

在视觉层面上，过小的按钮很可能让用户无法看清按钮中的图形，也因此无法对按钮的功能形成认知；在操作层面上，过小的按钮触控范围也不方便用户执行点击操作。

界面中交互按钮的设计风格与游戏界面的设计风格不吻合，显得突兀；除此之外，按钮中的图形符号也与其功能毫无关系。

综上所述，不当的视觉设计会对用户在视觉层和操作层两个层面产生的影响，把握好这两个层面的设计，便能让用户获得良好体验，也能获得手机游戏视觉设计的制胜法宝。

1.2 手机游戏视觉设计提升用户体验的诀窍

　　用户获得了良好体验才能更加顺畅地进行游戏，并对游戏保持一定的忠诚度，游戏也才能在用户的拥护与喜爱中获得更加长久的生命力。那么，要如何通过视觉设计使用户获得良好的体验呢？这其中也是有着不少设计诀窍的。下面就一起来看看为了提升游戏的用户体验，在进行视觉设计时必须遵守的法则。

法则一　和谐统一：保持用户观感的一致性

　　游戏视觉设计中的一致性包括游戏整体设计风格的一致以及不同界面中视觉元素设计风格的一致。下面以一款游戏中的通关界面为例进行说明。

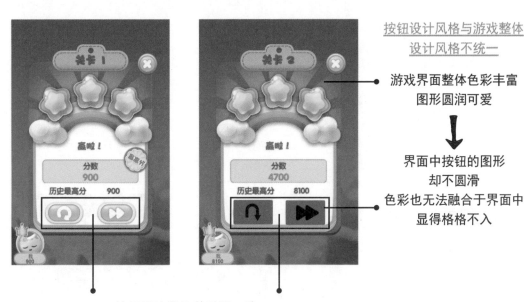

按钮设计风格与游戏整体
设计风格不统一

游戏界面整体色彩丰富
图形圆润可爱

界面中按钮的图形
却不圆滑
色彩也无法融合于界面中
显得格格不入

按钮设计风格前后不一致

　　右上图按钮的功能虽与左上图一样，但按钮的视觉设计风格却和整个界面的风格不统一，这样的设计会让用户感到困惑，不能明白设计者的意图。

当用户玩游戏时，界面中的视觉设计必定是用户会最先接触到的内容，而用户在游戏过程中会逐步通过视觉设计建立关于游戏的心理模型，形成相应的记忆，并跟随这样的记忆继续进行后面的游戏操作，因此，游戏的视觉设计保持统一风格，能减轻用户的学习负担，在帮助用户快速理解游戏的同时，也提高了用户游戏操作的准确性与流畅性。前后一致的视觉设计还能让用户达到视觉的平衡，让整个游戏显得更加美观、整体感强。

法则二　有的放矢：了解你的目标用户群体

在游戏设计前期进行视觉设计风格定位时，我们便需要确定游戏所针对的用户群体，进而去了解用户群体的特征，根据他们的习惯、喜好与期望等去设计游戏界面的色彩、质感与布局，这样能让设计不再盲目，也让设计不再活在设计师自己的世界与偏好之中，毕竟游戏设计不是随心所欲表达自己个性的平台，大众所能接受的设计才能实现它自身的价值。

下面就通过分析三个游戏的界面，看看它们是如何针对各自的用户群体进行视觉设计的。

游戏名称　　　我是90后

主要用户群体　　　"90后"玩家

游戏界面　　　界面风格清新活泼
较具活力

游戏名称　　　如果动物没有……
（认词互动游戏）

主要用户群体　　　6岁以下儿童

游戏界面　　　界面采用儿童插画的风格
显得稚嫩与可爱

第一个游戏主要针对"80后"用户，游戏的界面因此也充满了代表"80后"的视觉元素，同时由于"80后"这一用户群体处在世界飞速发展的过渡阶段，他们是一个充满回忆的群体，这是他们的特征，于是游戏的界面也采用了怀旧的设计风格。相比之下，"90后"是一个更为年轻与充满活力的群体，因此，针对"90后"用户的第二个游戏的视觉设计也显得青春洋溢与活泼。第三个游戏主要针对的用户群体是年龄偏小的儿童，因此其界面中充满了儿童插画的元素，整体风格显得稚嫩与可爱。

法则三 一目了然：提供清晰的表达与足够的细节

在游戏界面中常常要呈现多条游戏信息，此时，不仅要清晰有序地表达这些信息，而且需要添加足够的细节数据，这样用户才能更好地接收和理解信息，并据此进行后续的游戏操作。

▲"全民切水果"游戏界面

左图的界面中信息较多，却显得井井有条、表达清晰，必要的细节数据也让信息更加实用。

相比之下，下图中的界面则显得缺乏细节，且必要的视觉元素表达不够清晰，用户无法确切地了解当前的游戏状态。

有细节数据说明

显示升级进度
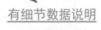

显示体力填满的时间

无细节数据说明

只知道当前等级

只知道体力值未满

视觉元素尺寸过小
不便于用户浏览

法则四　简化操作：别让用户失去耐心

若一个游戏功能需要执行4次以上的交互动作才能被找到或启用，用户可能会失去交互的耐心，因此，应该尽量减少用户的交互操作步骤，维持用户对于游戏操作的耐心。

在该游戏中，最多不超过3步交互操作便可以正式开始游戏。

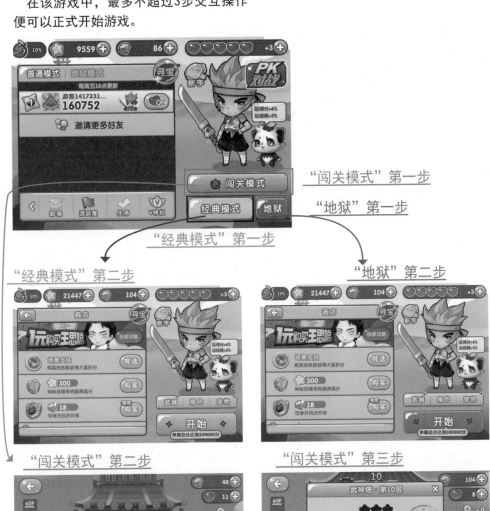

「全民切水果」游戏界面

法则五　主次分明：合理划分视觉等级

游戏界面中显示的诸多信息并非都是需要第一时间引起用户关注的重要信息，因此，为了突显信息的主次关系，在对游戏界面进行视觉设计时，也可以分出视觉等级，从而让设计更具层次感。

▲"奇怪的大冒险"游戏主界面

左边游戏界面中的交互按钮便通过尺寸的大小变化，表达出了按钮的主次关系。

开启游戏的按钮需要第一时间引起用户关注的重要按钮尺寸最大

次要按钮尺寸变小

更次要按钮尺寸最小

除了可以根据信息的重要程度去设计界面中的视觉等级，还可以根据游戏中获得奖励的级别去安排具有层级感的不同视觉元素，这样也能让界面拥有具备层次感的视觉表现，如下图所示。

『开心消消乐』好友排名界面

▲"保卫萝卜2"选关界面

使用金、银、铜三色皇冠分别表达第一、二、三名，使用数字序号表达第三名以后的排名。

使用水晶底座、金萝卜、银萝卜、铜萝卜等图形元素说明通关的情况，显然视觉表达最完整的就是通关情况最佳的关卡。

法则六　合理反馈，包容用户

　　大多数游戏总会设置一个任务或目标，用户则通过一步步操作去接近并完成这一任务或目标。因此，在游戏过程中，用户的每一步操作都会给游戏带来某种变化或导致某种结果，这也使得用户期望能随时看到自己的操作是否达到游戏的要求以及任务的完成进度，可以说在游戏过程中，用户与游戏界面随时都处于沟通状态。

　　为了让用户可以更加清楚地了解自己的游戏状态或所处的游戏环境，在进行视觉设计时，我们需要提供游戏反馈信息并将其合理地呈现在用户眼前。

体力状态条根据游戏情况实时变化，让用户及时了解自己与对手的体力情况

▲ "疯狂游戏厅"游戏界面

游戏倒计时让用户了解游戏的进度

随着游戏的进行，得分数值发生相应的变化，让用户及时了解游戏得分情况

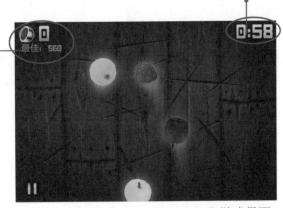

▲ "Fruit Ninja Free"游戏界面

　　对于一款游戏而言，不论游戏的交互逻辑或视觉等级结构多么清晰，又或是用户对这款游戏有没有使用经验，在不经意间都会遇到各种问题。有时用户很可能正在执行一个并不能得到他期望中结果的错误操作，在这种情况下，我们便需要通过一些设计来包容用户正在犯下的错误。

某游戏界面

例如，左图所示的游戏界面中，用户可能以为点击"主菜单"按钮只是会回到游戏主菜单界面，游戏的当前进度会被保存，然而实际的情况是，点击该按钮后，游戏的当前进度不会被保存。此时如果没有让用户可以"反悔"的选择，或者"反悔"的按钮设计得不够清晰与明确，那么对于那些并不想重置游戏的用户而言，点击"主菜单"按钮的结果只会令他们懊恼。

具备包容性的视觉设计：告知用户的同时也让用户有了"反悔"的机会

只告知了用户，却没给用户"反悔"的机会

告知了用户也让用户有了"反悔"的机会，"反悔"提示却不明确

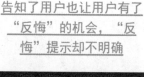

界面中会弹出提示信息告知用户："此前游戏将被重置，你确定要退出且回到选关界面？"此时界面中设置了相应的选择按钮，给了那些并非要退出游戏重新开始的用户一个对"错误"操作表示"反悔"的机会。

不添加任何让用户可以进行"反悔"操作的视觉元素按钮，这种界面显得不具备包容性，用户也只会被"惹恼"，从而对游戏失去兴趣。

界面中添加了用于"反悔"操作的视觉元素，然而元素的表意却不符合用户的感知经验，用户无法理解视觉元素的意义，因此依旧无法进行"反悔"操作。

在界面中需要合理并清晰明了地添加视觉元素去包容用户，才不至于"惹恼"用户。

法则七　言简意赅：文字说明要简明扼要

大多数用户在玩手机游戏时是不会有过多的耐心去阅读与研究游戏中的文字说明信息的，而是希望能够快速开始游戏，因此，手机游戏界面中的文字说明信息要尽量简明扼要。

过多的文字缺乏直观性，无法给用户带来轻松的视觉体验，会让用户失去阅读的耐心，用户因此也无法真正掌握游戏的玩法或技巧。

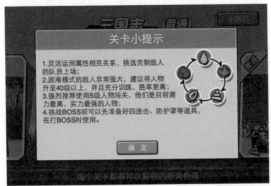

▲"疯狂游戏厅"游戏关卡说明界面

此时我们可以将4条信息分散到4个界面中，以减轻用户的阅读负担。

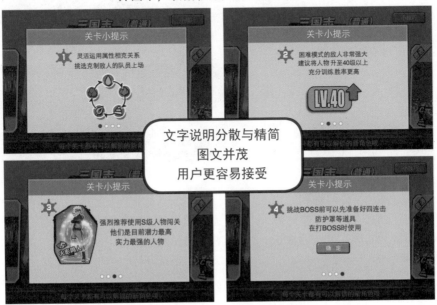

文字说明分散与精简
图文并茂
用户更容易接受

1.3 手机游戏的世界观与分类

手机游戏种类繁多，并且有着各自不同的世界观设定，这两方面因素都对游戏的视觉设计有重大影响，因此，进行游戏视觉设计时必须结合游戏的世界观和类型进行综合考虑。

法则一 视觉设计要以游戏的世界观为主线

当我们看到一款游戏时，视线中总会充满各种视觉元素，如背包、商店、任务等，为什么会出现这些视觉元素？它们又是以怎样的逻辑关系串联的？这一切都与游戏的世界观息息相关。游戏的世界观让视觉元素有了出现的理由，也让游戏的视觉设计更加有据可依。

▶『龙之军队』游戏选关界面

游戏中对游戏世界观的说明

看到这样的游戏界面时，你想过为什么其中的关卡要用烽火台和堡垒的形式来进行视觉表现吗？

上图为游戏界面的截图，它们在一定程度上说明了游戏的世界观——这是一款与战争相关的游戏，因此，游戏界面中才会出现烽火台、堡垒等与战争相关的视觉元素。

如果我们设计的游戏达到了这样一种状态——游戏世界观就像是空气一般，即使用户看不到它，但在游戏过程中，用户会时刻感受到它的包围，那么该游戏便是成功的。

上面这段话也说明了什么是游戏世界观，其实它就是贯穿整个游戏设定的主线，有了这条主线，用户才能更加流畅地理解并进行游戏的操作。虽然我们看不到这条主线，但却需要将它渗透到游戏的视觉设计之中，将两者和谐地融合在一起，这样才能实实在在地让游戏世界观"包围"用户，帮助用户更好地理解游戏的设定，并更快地融入整个游戏的情景之中。

下面举的3个例子虽然不能涵盖手机游戏视觉设计的全部风格，但却能在一定程度上说明游戏世界观对游戏视觉设计的影响。

 写实风格

▲"极品飞车OL"游戏界面

"极品飞车OL"是一款赛车类游戏，这款游戏构建了"绝对刺激的飙车体验"这样一个世界观。因此，为了表现赛车的激烈感，该游戏采用了精美写实的视觉设计风格，让用户在十分接近现实世界的游戏环境中真切地感受赛车的紧张刺激。

 涂鸦风格

▲"史上最抓狂的游戏"界面

"史上最抓狂的游戏"为一款搞怪类益智游戏，它所建立的游戏世界观是："让你抓狂，让你无语。"这样的设定也决定了这款游戏的视觉设计适合采用轻松诙谐的涂鸦风格。

 卡通风格

◀"全民切水果"游戏界面

卡通风格是一种较为常见的游戏视觉设计风格，左图所示的"全民切水果"游戏便运用了这种设计风格。

该款游戏设定了这样一个世界观："萌宠可以助你得高分。"萌宠系统的加入给整个游戏增添了一份可爱气息，因此，游戏也选择了可爱的卡通人物形象加上丰富的色彩，让整个游戏的视觉设计呈现卡通风格，从而与游戏的世界观相契合。

法则二　明确游戏类型让设计不再盲目

　　手机游戏世界观的设定会让游戏形成不同的交互逻辑与视觉元素，这也导致了各式各样游戏的出现。相同类别的手机游戏总会有着属于这一类别的常用的游戏交互逻辑与视觉元素。对手机游戏的分类进行了解，也能帮助我们对手机游戏的视觉设计规律进行归纳总结。目前的手机游戏大致可分为以下几类，配图为每个游戏类型的代表游戏。

竞速类游戏

极品飞车OL

街机类游戏

街机马戏团

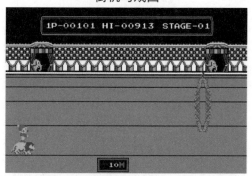

棋牌类游戏

欢乐斗地主

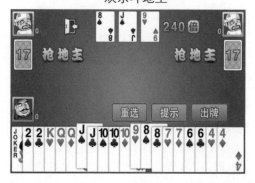

体育运动类游戏

足球来了

我是80后

益智类游戏

雷霆3D：金属狂啸

射击类游戏

糖果传奇

消除类游戏

龙之军队

塔防策略类游戏

音乐类游戏

节奏大师

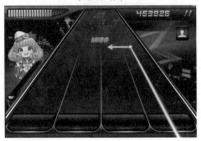

格斗类游戏

疯狂游戏厅

第 2 章

手机游戏大环境与
手势交互

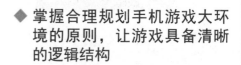

◆ 掌握合理规划手机游戏大环境的原则，让游戏具备清晰的逻辑结构

◆ 熟悉手机游戏中的手势操控设计与视觉设计之间的联系

2.1 构建结构清晰的手机游戏大环境

什么是手机游戏大环境呢？当我们在智能手机中进行游戏娱乐时，通常会执行如下的操作步骤：

① 点击游戏图标，开启进入游戏的入口

② 从图标跳转到游戏加载时的缓冲等待界面

③ 游戏加载完毕后进入游戏主界面

④ 通过游戏主界面进入游戏模式或选关界面

⑤ 选择游戏道具，备战游戏

⑥ 最后进入游戏娱乐界面

如上所示，从进入游戏到开始游戏的过程中出现了多个游戏界面。其实一款手机游戏中总会存在各种功能不同的界面，它们共同组成了一个游戏大环境。

法则一　游戏大环境要具备逻辑性

在一个游戏大环境中会出现多个游戏界面，如下面的两个游戏案例所示。而通过本节开篇的例子不难发现，这些游戏界面若不按照一定的逻辑顺序进行串联，只会让游戏大环境显得杂乱无章，用户在进行游戏操作时也会感到毫无头绪。

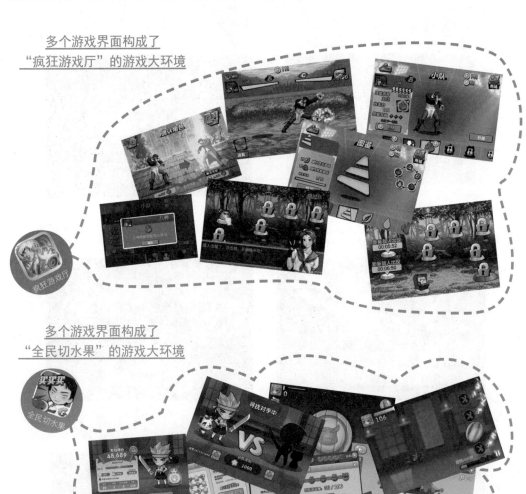

多个游戏界面构成了
"疯狂游戏厅"的游戏大环境

多个游戏界面构成了
"全民切水果"的游戏大环境

上图中，各种游戏界面构成了不同的游戏世界，这些界面的确可以呈现出游戏的外观，让用户从视觉上感受到游戏的存在，然而这些界面却不可能同一时间全部出现在手机屏幕中，那么什么时候该出现什么样的界面？这些界面之间又该用怎样的线索串联起来呢？

此时便需要构建一个框架用来展示与安排这些界面，这个框架便是游戏的结构层，而这些界面则是游戏的视觉表现层。可以说，视觉表现层与结构层共同组成了智能手机游戏的大环境，如下图所示。

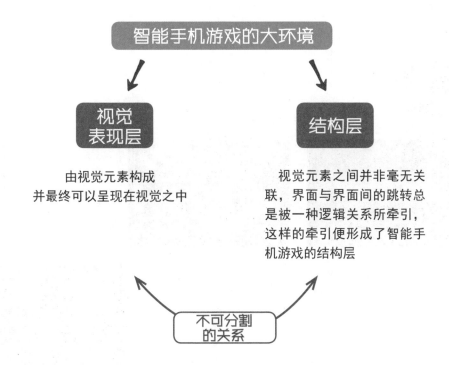

在构建智能手机游戏的大环境时，视觉表现层与结构层是相辅相成、不可分割的。没有视觉表现的游戏结构只会是一个光秃秃的框架，不具备任何游戏的形式与意义；而没有了结构逻辑的视觉表现又会显得混乱不堪，无法给用户提供良好的游戏体验。

例如，本节开篇描述的进入游戏娱乐界面的整个操作过程便具有一种逻辑结构关系，将这一过程对应相应的视觉表现层，便会形成一个完整的游戏大环境。

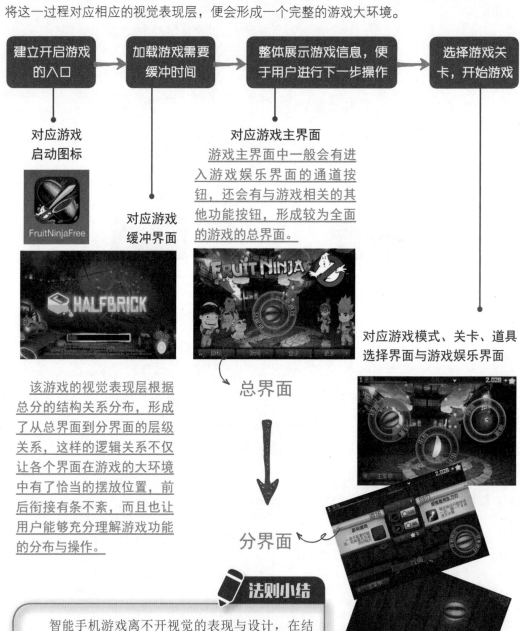

建立开启游戏的入口 → 加载游戏需要缓冲时间 → 整体展示游戏信息，便于用户进行下一步操作 → 选择游戏关卡，开始游戏

对应游戏启动图标

对应游戏缓冲界面

对应游戏主界面
游戏主界面中一般会有进入游戏娱乐界面的通道按钮，还会有与游戏相关的其他功能按钮，形成较为全面的游戏的总界面。

对应游戏模式、关卡、道具选择界面与游戏娱乐界面

该游戏的视觉表现层根据总分的结构关系分布，形成了从总界面到分界面的层级关系，这样的逻辑关系不仅让各个界面在游戏的大环境中有了恰当的摆放位置，前后衔接有条不紊，而且也让用户能够充分理解游戏功能的分布与操作。

总界面

分界面

法则小结

智能手机游戏离不开视觉的表现与设计，在结构上也不能缺乏逻辑性，否则无法形成完整而合理的游戏大环境，这样的手机游戏只会让用户在玩耍时感到吃力与困惑。

法则二　从哪里来回哪里去

法则一告诉我们，智能手机游戏的视觉表现层需要建立在结构层的基础之上，那么应如何设计结构层呢？下图为较常见的传统手机游戏逻辑结构框架，我们就以它为例来看看游戏结构层的设计法则。

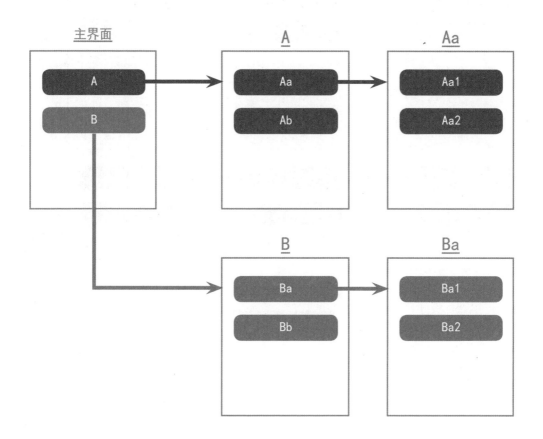

如图所示，游戏的主界面包含了通向不同游戏关卡的入口A与B，点击A选项后便会进入与关卡A相关的界面A，而界面A又包含与关卡A相关的界面入口Aa与Ab，此时若点击Aa选项，又会进入到选项Aa的对应界面。不难发现，在这一过程中会形成各种不同界面间的跳转，但这些跳转始终保持在关卡A的范围内，不会莫名其妙地进入关卡B的相关界面。B选项的跳转也是如此。

从A跳转到Aa，那么在返回时也应该从Aa跳转回A，如果在返回时直接跳转到了B或主界面，只会让用户在操作过程中感到迷茫，如下图所示。

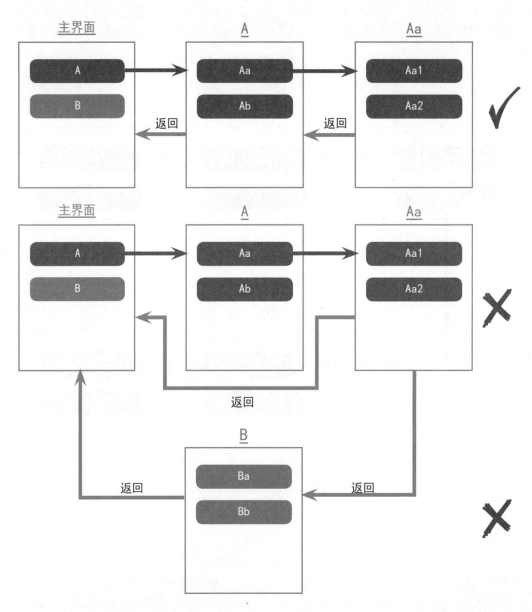

通过以上分析，我们便可以总结出设计游戏结构层的一条法则——"从哪里来回哪里去"。

前面分析时所用到的手机游戏框架只包含了两个框架选项，便已经构成了不少的界面，而当游戏的架构朝着更深更广的方向发展时，会形成更多界面，此时如果不遵循"从哪里来回哪里去"的设计法则，那么可以想象得到，界面间的跳转将会变得多么庞杂混乱。而"从哪里来回哪里去"的设计方式不仅能避免用户在多个界面之间跳转时迷路，而且还能帮助理清视觉设计的思路——根据框架结构确定界面的数量与内容，并且注意通过视觉元素增强相关界面间的关联感与逻辑性。

例如，如下所示的游戏界面跳转流程中，便通过不同的水果图标这一视觉元素提示了界面间的相关性，因此，它们之间的跳转便不会显得唐突。

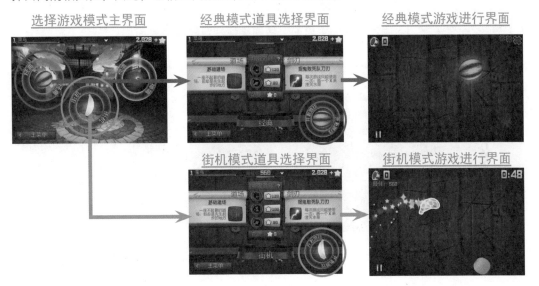

在"从哪里来回哪里去"的设计法则基础之上，有时我们可以进行相应的调整。例如，有时在游戏的大环境中会出现如下图所示的框架结构。

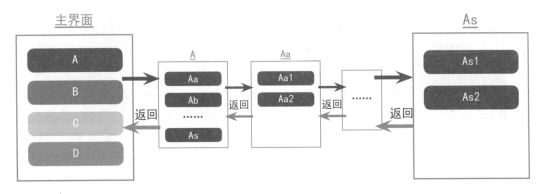

这样的层级关系中，用户若想回到主界面便要执行过多重复的返回操作，如此必然会导致用户失去耐心。

此时，为了方便用户，我们可以尝试在界面中添加一些小的跳转元素，如下图所示。

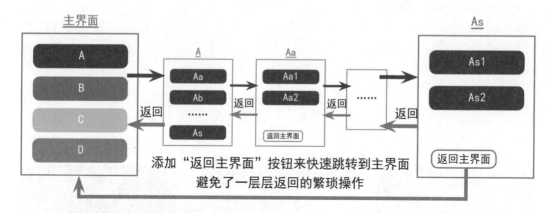

添加"返回主界面"按钮来快速跳转到主界面
避免了一层层返回的繁琐操作

『熊猫屁王2』关卡选择界面

主菜单界面
快速跳转按钮

在主界面下的各种从属界面中添加"返回主界面"的跳转按钮，能够让用户更加快速地进行界面间的切换，从而获得更为流畅的操作体验，如左图所示。

需要注意的是，除非是有说明文字的跳转按钮，如上图中的"主菜单"按钮，否则一切代表返回的按钮都应该遵循"从哪里来回哪里去"的原则，返回到该界面的上级界面，如下图所示。

无说明文字的返回按钮

『全民切水果』游戏界面

返回到该界面的上级界面中

法则小结

在进行手机游戏的视觉设计时，除了依据游戏大环境的逻辑框架结构进行视觉表现层的添加以外，安排与之对应、符合用户预期与认知的操作模式也是顺利进行视觉设计的关键——"从哪里来回哪里去"则是其中最基础的设计原则。

法则三　界面的视觉设计要服务于游戏大环境

　　界面的视觉设计要服务于游戏大环境的意思是，在进行游戏界面的视觉设计时，添加的任何一个视觉元素都是需要与该游戏相关并且为该游戏服务的。

　　例如，如下所示的游戏界面中，下滑或上拉界面便可以选择游戏关卡，那么为何还要在左边添加柱形图表呢？这是因为，通过点击柱形图表中的数字，用户可以更为方便地选择游戏关卡，避免了一直滑动界面的麻烦。

　　因此，这一视觉元素的添加并不是随意与毫无依据的，它是需要服务于游戏的，与该游戏息息相关的视觉元素的添加才能营造出游戏的整体感。

▶『全民切水果』游戏 选关界面

辅助选关图表　　　界面中的选关楼层

　　1.图表依照界面关卡呈楼层状纵向分布，与界面中的阁楼视觉元素呼应

　　2.图表中的F代表楼层，方块指向10F时界面中的关卡也显示为第10关

 对应

 法则小结

　　合理的结构框架与游戏界面的操作模式是构建手机游戏大环境的基础，在手机游戏设计初期，它们能帮助我们整理设计的思路。

　　界面中视觉元素的设计与添加也是营造游戏大环境的关键，我们始终需要记住游戏是一个整体，对于一个游戏而言，游戏中的视觉元素再多，其设计与添加都是需要服务于该游戏的。在这一基础与原则上进行设计，游戏的大环境才会更加合理，游戏也才能提供更好的用户体验。

手机游戏视觉设计法则

2.2 设定与视觉相呼应的手势操作

用户在玩手机游戏的过程中，除了需要依靠视觉去感受游戏以外，使用手势操作也必不可少。虽然手势操作属于交互设计的范畴，但其与视觉设计也密不可分，很多时候，手势的操作是通过视觉元素的变化来表现的，如下面这个例子所示。

▼ "100种蠢蠢的死法2"选关界面

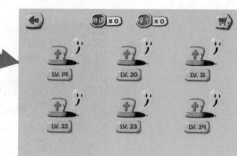

在如右图所示的界面中，我们如何知道选择与点击了哪个关卡？如何知道对哪个区域执行点击手势的操作？

此时便可以通过添加视觉元素来表现执行了点击手势操作后界面的变化，如左图所示。

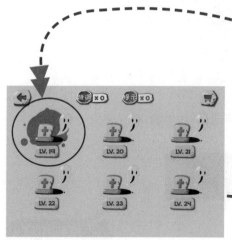

根据手势操作添加视觉元素后，除在视觉上产生差别外，也让用户明确感受到手势的操控范围，如下图所示。

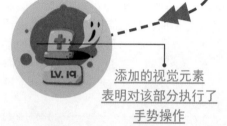

添加的视觉元素表明对该部分执行了手势操作

这个例子便体现了手机游戏视觉设计与交互设计之间的联系。下面我们便来介绍相关的设计法则。

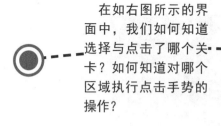

34

法则一　根据游戏特点添加操控手势

与PC游戏不同的是，智能手机游戏操控的特点是"人与机器的亲密接触"，也就是说，用户可以不通过任何外界的桥梁（如鼠标、键盘等外围设备），直接使用手指进行游戏的操控，如此便形成了各种操控手势。下面就先来了解一下当今的智能手机通常都支持哪些操控手势。

根据操控时使用手指数量的不同，可以将操控手势分为单指操控与多指操控，如下图所示。

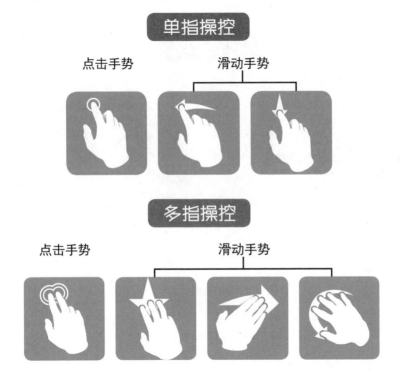

其中根据手指与屏幕接触的次数、在屏幕上停留时间和移动距离的长短，又可以将操作手势分为点击与滑动两类，如下图所示为部分点击与滑动手势。

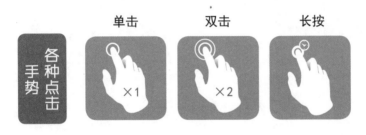

下滑　　右旋滑动　　聚拢　　右滑　　左旋滑动

各种滑动手势

而在游戏过程中，大多数情况下用户还需要对手机进行持握，根据这一操作特点，我们还可以对游戏操控手势进行如下分类。

横屏操控

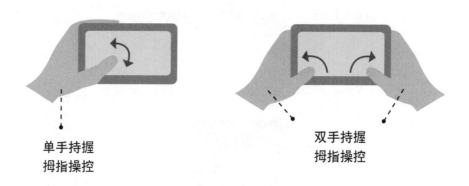

单手持握
拇指操控

双手持握
拇指操控

竖屏操控

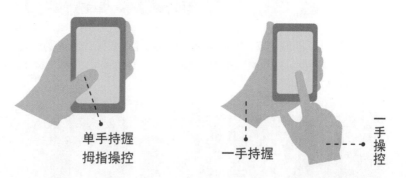

单手持握
拇指操控

一手持握

一手操控

了解了游戏过程中用户可以使用的各种手势之后,如何给游戏添加适当的操控手势呢?下面就通过对一款人气火爆的益智类游戏"2048"的解析来解答这一问题。

　　在"2048"这款手机游戏中,操控手势顺应了游戏设定的特点,合理的手势操控设计让用户在玩耍时更加便捷与顺畅,或许正因如此,这款游戏才深受用户的喜爱与推崇,如下图所示。

左滑　　　　**右滑**

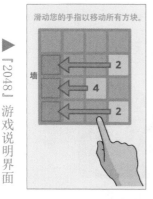

▲『2048』游戏说明界面

游戏的规则与特点

　　通过滑动来拼凑相同数字的方块,在一步步的合并过程中,最终获得数字方块2048,取得游戏胜利。

上滑　　　　**下滑**

▲『2048』游戏界面

游戏的手势添加

　　游戏的这一玩法,形成了游戏的规则与操作特点——滑动方块。

　　根据这一特点,我们便可以给游戏添加单指滑动的手势操作,如左图所示。

长按→拖动　　　**多指滑动**

其他手势也适用?

　　为什么要给游戏添加单指滑动手势而不使用其他手势?例如,使用"长按→拖动"或"多指滑动"的手势行不行呢?

答案是显而易见的
以上两种手势都是行不通的

不使用"长按→拖动"手势的原因

我们知道"2048"这款游戏的规则与特点在于,通过游戏中的"墙"去合并数字方块凑到2048,而这一目标采用简单的单指滑动手势便可以达成,而"长按→拖动"这样相对复杂的手势只会让用户在玩耍过程中感到疲倦与累赘,如下图所示。

滑动手势只需一步
便可到位

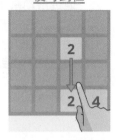

长按→拖动
两个手势,两个步骤

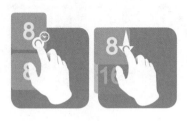

不使用"多指滑动"手势的原因

考虑到用户有时候会保持单手持机的状态,又结合该游戏只需滑动操作的特点,单指滑动相对于多指滑动而言更加方便,同时也让单手持机的用户使用拇指便可以轻松对游戏进行操作,如下图所示。

左手持机时左手拇指可滑动游戏

右手持机时右手拇指可滑动游戏

 法则小结

给游戏添加交互操控手势时,要考虑到游戏本身的特点。适当的游戏操控手势不仅不会显得累赘,有时还能减少视觉设计的负担。

法则二　　一致的视觉表达加深手势操控体验

通过本节开篇的例子可以发现，手势的设定与视觉设计之间是存在相互呼应的关系的，通过手势操作才会产生相应的视觉变化。

 添加与操作对应的视觉元素

在手势操作的视觉化表现过程中，在手势的设定与视觉元素的添加之间建立联系是需要首先考虑的设计要点。

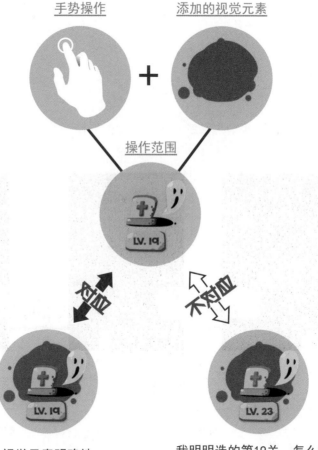

手势操作　　　　　添加的视觉元素

操作范围

对应　　　　　不对应

用户可能产生的感受

视觉元素明确地告诉我选中了第19关

我明明选的第19关，怎么视觉元素提示的是第23关？难道我操作错误了？

得出结论 >> 进行手势操作后
操控范围与视觉表现相对应
让用户可以明确对界面
所进行的操作范围

进行手势操作后
操控范围与视觉表现不对应
让用户无法理解手势操作
也无法判断操作结果

上面的例子告诉我们，视觉元素的添加需要与手势操控相对应，否则会让用户感到困惑与不解。

 视觉元素与手势移动方向应一致

在对游戏进行操控的过程中，游戏界面中被操控的视觉元素移动的方向与操作手势移动的方向保持一致，也是维持游戏流畅体验的关键，如下图所示。

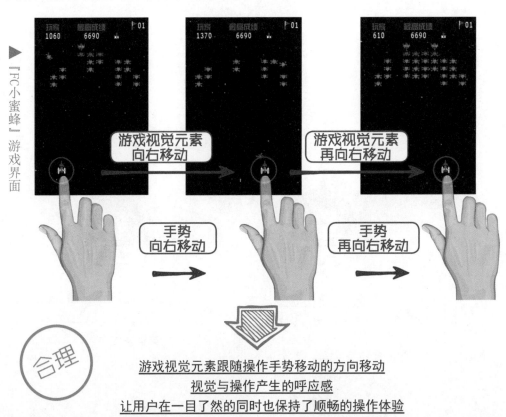

◀『FC小蜜蜂』游戏界面

游戏视觉元素跟随操作手势移动的方向移动
视觉与操作产生的呼应感
让用户在一目了然的同时也保持了顺畅的操作体验

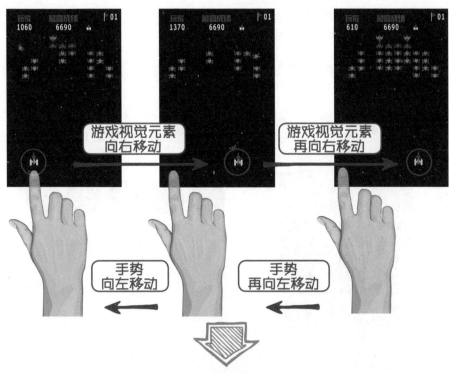

执行了向左移动的手势操作后
游戏视觉元素朝着相反方向移动

这样的设计无法让手势的操作在视觉上与
游戏界面中的视觉元素达到统一
不仅不符合用户的操作经验
也让用户很难记忆游戏的操作
产生对游戏的排斥与畏惧感
从而放弃游戏

法则小结

　　游戏界面中的视觉元素与手势的操作要具有一致性，这样的设计能加强用户在游戏
过程中的操控体验。除非是游戏有特殊需求，否则保持视觉元素与手势设计的一致性是
符合用户操作经验、让用户能顺畅玩耍游戏的合理设计方法。

法则三　预留具有舒适度的触控范围

设计合理的触控范围也是创造流畅游戏体验的关键，这与视觉设计也有着不可分割的联系。对于有些游戏而言，视觉元素本身便体现了其操控与触控范围，如下图所示。

▶『天气爱消除』游戏界面

在左图所示的游戏界面中，每一个视觉小元素都可以成为一个触控范围。

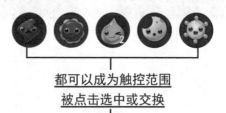

都可以成为触控范围
被点击选中或交换

对于这种类型的游戏而言，由于其拥有的可触控视觉元素较多，而手机屏幕大小又是有限的，如何在有限的空间内合理地安排这些视觉元素也就是游戏的触控操作范围，便成为了设计的重点。如下图所示是一种设计不当的情况。

适当的触控范围与尺寸

便于用户进行交互操作
在视觉上也让界面元素显得更加清晰

过小的触控操作范围

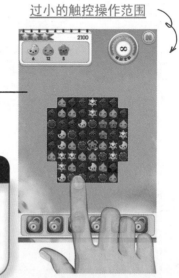

触控操作范围过小导致用户
难以看清视觉元素
也无法精确选中所需目标
大大降低了触控操作的准确率
削弱了用户的操控与玩乐体验

法则小结

手机游戏中的触控操作范围有时会与视觉设计产生对应的联系。此时，我们需要控制好视觉元素的尺寸大小，预留舒适的触控操作范围，让用户能在游戏过程中获得视觉与操控的双重良好体验。

第3章

手机游戏图标
按钮设计

- ◆ 了解手机游戏中图标按钮的类型
- ◆ 能对手机游戏中的图标按钮进行
  造型设计
- ◆ 能对手机游戏中的图标按钮进行
  美化设计

图标按钮设计可以说是手机游戏视觉设计的重头戏，它是游戏创造操控体验的重要视觉元素。通常情况下，图标按钮都会具有可点击的操控性功能，可按这些功能的不同将图标按钮分为如下几类。

 跳转图标按钮

跳转图标按钮是众多游戏界面的连接桥梁与入口，用于在不同的游戏界面进行跳转。

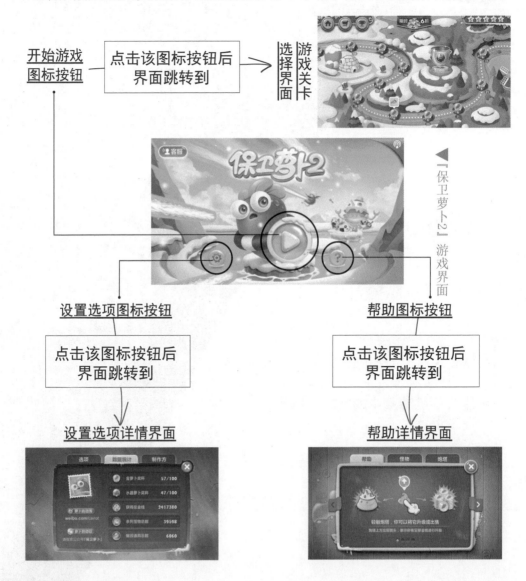

2 游戏操作图标按钮

不同于PC游戏通过连接在电脑上的键盘或鼠标实现对游戏的操控，对于智能手机游戏而言，触屏的性质与产品结构决定了游戏的操控按钮将位于手机屏幕之上，也就是说这些操控按钮将位于游戏界面之中，它们是帮助完成游戏操作的功能按钮，所以称为游戏操作图标按钮，如下图所示。

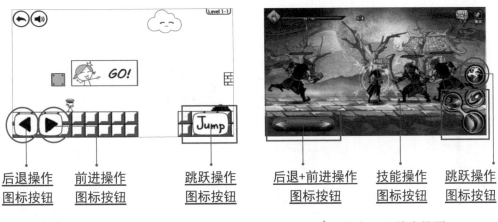

后退操作图标按钮 　前进操作图标按钮 　跳跃操作图标按钮 　　后退+前进操作图标按钮 　技能操作图标按钮 　跳跃操作图标按钮

▲ "奇怪的大冒险"游戏界面 　　　　　　▲ "影之刃"游戏界面

3 其他图标按钮

除上述两种图标按钮类型以外，还有些代表了提示或选择属性的图标按钮，以及关闭或打开界面窗口的图标按钮等，我们都将它们归类为其他图标按钮，如下图所示。

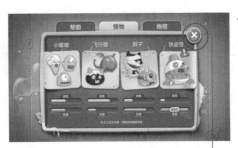

「影之刃」游戏界面

「保卫萝卜2」游戏界面

确定操作图标按钮 　选择操作图标按钮 　　　　关闭操作图标按钮

通过前面的分类不难发现，这些图标按钮或者因为分类的不同、或者因为功能的不同，都拥有不同的造型或者设计风格，如下图所示。

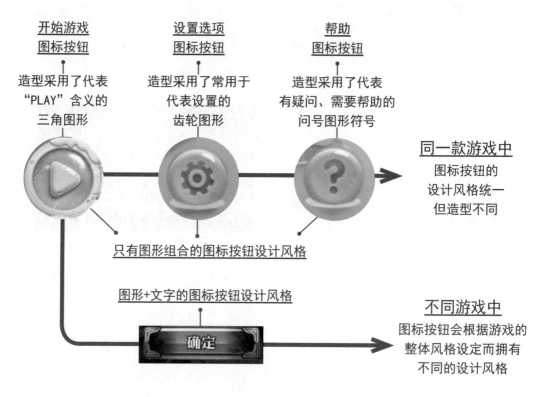

开始游戏
图标按钮

造型采用了代表
"PLAY"含义的
三角图形

设置选项
图标按钮

造型采用了常用于
代表设置的
齿轮图形

帮助
图标按钮

造型采用了代表
有疑问、需要帮助的
问号图形符号

同一款游戏中
图标按钮的
设计风格统一
但造型不同

只有图形组合的图标按钮设计风格

图形+文字的图标按钮设计风格

确定

不同游戏中
图标按钮会根据游戏的
整体风格设定而拥有
不同的设计风格

因此，根据构成图标按钮的视觉元素的不同，也可以对图标按钮进行另一种分类，如下所示。

纯图形图标按钮

纯文字图标按钮

点击

文字结合图形图标按钮

确定

当然在这些分类中还会细分出许多不同的设计风格，接下来便会分别详细讲解。下面就先从简单的图标按钮说起。

3.1 简洁明确的简易图标按钮

法则一　图标按钮风格要与游戏风格相匹配

　　图标按钮的设计不能脱离手机游戏整体的风格设定，即使我们选定了简洁的图标按钮设计方案，也不能忽视游戏风格对于图标按钮设计的影响。例如，当我们看到如下图所示的手机游戏界面时，我们会想到什么呢？

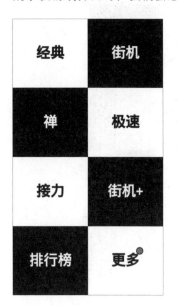

我们或许会想到

界面中只有文字和色块
看起来简单明了

界面中只有黑白相间的色块
像是钢琴琴键的颜色

　　这两个界面出自"别踩白块儿"这款手机游戏。这款游戏的设定与钢琴息息相关——在游戏的过程中当按下游戏键时，会发出钢琴声，串联在一起时还会形成一首钢琴曲，因此，当看到游戏界面时会联想到钢琴也在情理之中。这也是设计者的用心所在——让图标按钮的设计与游戏的整体设定相符，直观明了地反映了游戏的设计风格。

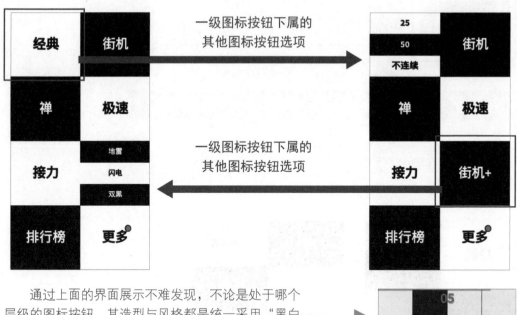

一级图标按钮下属的
其他图标按钮选项

一级图标按钮下属的
其他图标按钮选项

通过上面的界面展示不难发现，不论是处于哪个层级的图标按钮，其造型与风格都是统一采用"黑白色块+文字"的方式进行呈现。

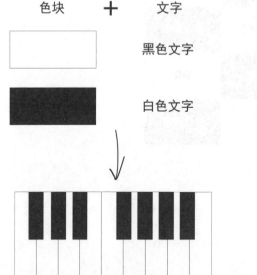

色块　　＋　　文字

黑色文字

白色文字

『别踩白块儿』游戏进行界面

黑白色块的组合不禁让人联想到钢琴键，显得简洁而纯粹，并且这样的设计也与游戏的界面风格相匹配。

法则小结

不加任何修饰、纯粹的色块+文字的设计方式，让图标按钮有了简洁明了的视觉表现。色块具有一定的装饰效果，文字又说明了按钮的功能意义。在选择这种设计方式时也要注意考虑到图标按钮的风格需与游戏整体的风格设定相匹配。

法则二　适当的装饰丰富按钮表现力

　　有时，根据手机游戏的定位需要制作一些较为简洁的图标按钮，但是，简洁并不等于单调。适当添加简单的装饰效果并不会破坏图标按钮本身的简洁感，反而会丰富其表现力，如下图所示。

纯图形图标按钮　　　**纯文字图标按钮**　　**文字结合图形图标按钮**

　　没有任何装饰效果
的图标按钮
简洁却稍显单调

　　添加了装饰效果
的图标按钮
有了立体感

背景图形添加了
1. 草绿色描边
2. 内发光效果
3. 内阴影效果

说明图形添加了
1. 白色描边
2. 圆角效果
3. 投影效果
4. 内发光效果

每一种装饰效果的添加都会使图标按钮在视觉上产生新的感受与变化，这其中也有一定的规律可循。

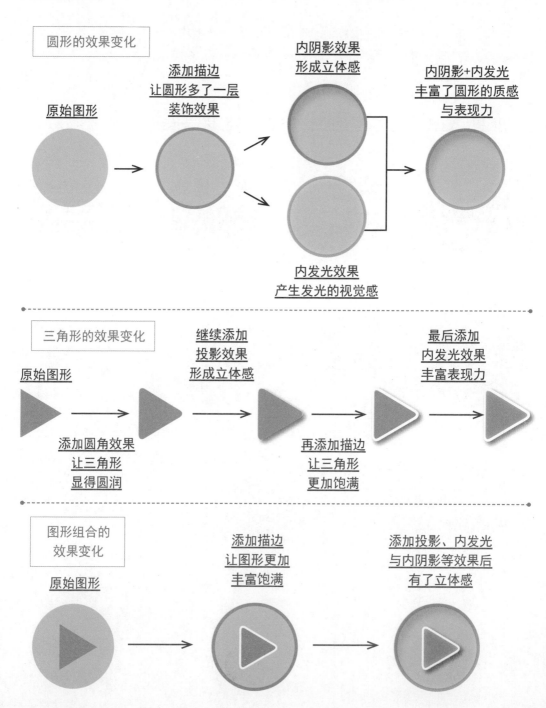

圆形的效果变化

原始图形

添加描边
让圆形多了一层
装饰效果

内阴影效果
形成立体感

内发光效果
产生发光的视觉感

内阴影+内发光
丰富了圆形的质感
与表现力

三角形的效果变化

原始图形

添加圆角效果
让三角形
显得圆润

继续添加
投影效果
形成立体感

再添加描边
让三角形
更加饱满

最后添加
内发光效果
丰富表现力

图形组合的
效果变化

原始图形

添加描边
让图形更加
丰富饱满

添加投影、内发光
与内阴影等效果后
有了立体感

通过上面的分析，可以大致总结出每种装饰手法能实现的视觉效果。

描边效果　　　　　　　投影与内阴影效果　　　　　内发光效果

↓　　　　　　　　　　↓　　　　　　　　　　↓

可以让图形
更丰富饱满　　　　　可以形成立体
的视觉效果　　　　　可以形成光感
与渐变效果

当然，对于手机游戏中的图标按钮而言，其装饰效果的添加同样也需要结合游戏整体风格设定进行具体安排。

游戏界面中的文字、
整体画面的设计
以及游戏中动物形象的设计
都显得较为立体与具有表现力

那么该游戏的图标按钮设计
又该选择怎样的风格呢？

▲「鳄鱼小顽皮爱洗澡2」游戏开始界面

过于简单和平面化
显然与游戏界面
风格不符

描边效果

投影效果

丰富了表现力且与游戏风格相符

　法则小结

添加不同的装饰效果会让图标按钮更具活力与立体效果，能在不破坏图标按钮本身造型的简洁感的同时，丰富图标按钮的视觉表现力，使其进一步融入游戏整体的环境之中，让用户产生良好的视觉统一感受。

法则三　空心好，实心也好

图标按钮在造型上也有着空心与实心之分，如右图所示。通常情况下，空心图标按钮以线条造型为主，而实心图标按钮则会被色彩填满。这两种按钮本身并不存在设计的好坏或者美丑之分，在进行游戏视觉设计时根据情况灵活选用即可。下面就让我们通过两个例子来看看这两种按钮的用法。

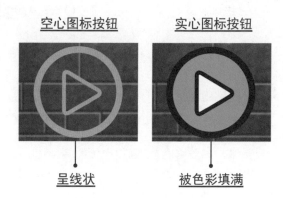

空心图标按钮　　　　实心图标按钮

呈线状　　　　被色彩填满

　同时使用空心和实心图标按钮形成对比效果

在"双色物语"这款手机游戏中，同时采用了空心与实心图标按钮来展示游戏的进度，如下图所示。

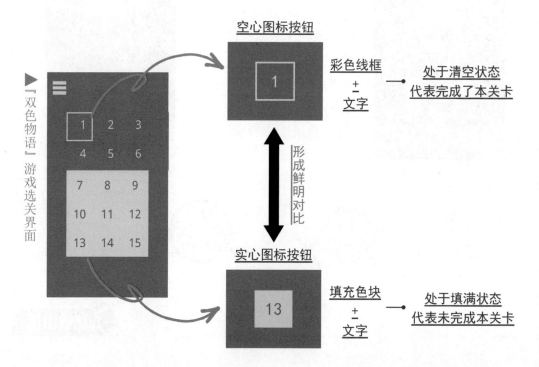

利用空心与实心图标按钮产生的鲜明对比效果，一目了然地展示了游戏关卡的完成状态，这样的游戏界面为我们提供了一种使用空心与实心图标按钮的方法和思路。

根据游戏整体风格选择按钮风格

下图所示为"奇怪的大冒险"游戏界面，不难发现，游戏在进行界面设计时大量运用了手绘线描的视觉元素，因此，为了产生统一的视觉效果，让游戏风格具备一定的完整性，游戏界面中的图标按钮也同样采用了线状、空心的表现风格。

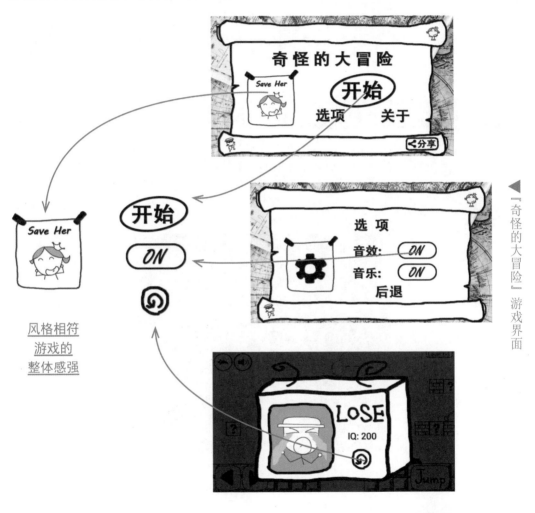

风格相符
游戏的
整体感强

"奇怪的大冒险"游戏界面

法则小结

不管是使用空心还是实心图标按钮，总体说来，都需要做到让用户在玩游戏时感觉舒适与明确，不能因为图标按钮的使用不当而破坏游戏的整体风格。

3.2　吸引眼球的华丽图标按钮

　　上一节中讲述的都是外观较为简洁的图标按钮，在本节中则主要介绍拥有华丽外观的图标按钮。

　　华丽外观既可以指图标按钮采用了大量丰富的装饰与点缀效果，也可以指图标按钮的造型独特而复杂。通常这些图标按钮都显得非常精美，很能吸引用户的注意，产生特殊的视觉感受。下面便来看看这些图标按钮的设计法则。

法则一　华丽可以，但要有据可依

对比下图中的两个游戏界面
你觉得哪一个界面看起来更加协调与舒适呢？

界面一　　　　　　　界面二

相信大多数人会选择界面二
其原因便出在界面中所使用的图标按钮之上

是选择这一组图标按钮？　　　　　　　还是选择这一组图标按钮？

之所以会选择第二组图标按钮
其原因可以总结如下

界面中的其他图标按钮
以插画风格的表现形式为主

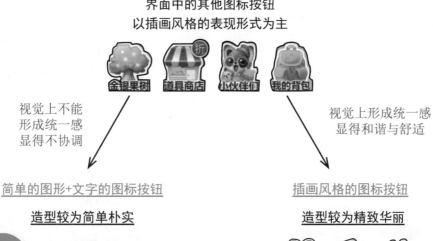

因此说，有时造型简洁的图标按钮并不一定适用于对应的游戏界面，我们也需要制作一些拥有华丽外形的按钮图标，而它们的造型产生也并非毫无依据。

可能通常情况下提到图标按钮，我们第一时间便会想到圆形、圆角矩形这些简单的几何图形，因此在设计时，我们也可以借鉴这些基本图形来设计图标按钮，如下图所示。

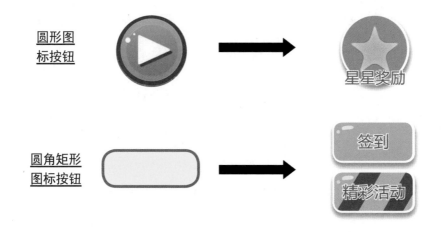

然而有时基本图形并不能满足设计需要，它们很可能不能融入游戏界面，此时便需要对这些简单的图标按钮进行进一步的改造。下面就来看看有哪些改造的好方法。

直接联想法

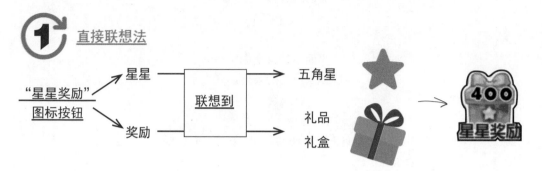

如上图所示，"星星奖励"能让我们直接联想到星星与礼物，因此其图标按钮也融合了两者的造型。"签到"图标按钮也可以按照同样的思路来进行改进，如下图所示。

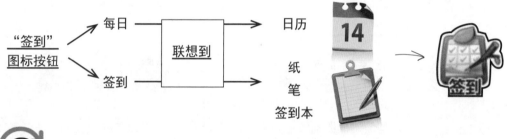

间接联想法

上文中的联想都显得较为直接，例如当提到星星我们立即就会联想到具有代表性的五角星图形。然而对于某些按钮而言，其功能则无法很直接地让人联想到明确的事物，这时我们便需要使用间接联想法，在众多的联想中寻找可以表现该图标按钮的图形形象。

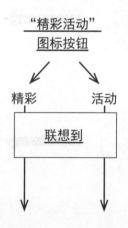

好像并没有什么
明确的事物
可以代表"精彩"

好像并没有什么
明确的事物
可以代表"活动"

此时，便可以运用间接联想，思考一下通过"精彩活动"
这四个关键字，可以联想到什么抽象的概念。

例如，提到"精彩活动"，首先可能会想到参与了精彩活动
后我们会得到一份缤纷愉悦的心情，于是我们会进而联想到：

<u>笑脸</u>　　　　　<u>色彩缤纷的事物</u>

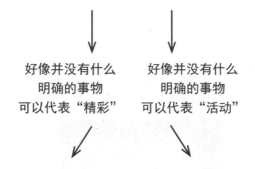

"精彩活动"会有些什么内容呢？此时，我们可能会联想到：

爬山、唱歌、过节

进行活动的时候，又会遇到或用到什么事物呢？我们又会想到：

清新空气　啤酒　爆米花　红色　烟花

到底选择哪种事物作为"精彩活动"的形象代表呢？

烟花 似乎比较合适

烟花不仅能让人产生愉悦的心情，在视觉上也能使人感到缤纷绚丽，与"精彩活动"这一关键词很贴切。但烟花的形象适合运用在黑色的背景之下，因而不容易被表现出来。

此时，我们需要想想还有什么是可以代替烟花的绚烂与愉悦感的。我们可能会想到：

鞭炮 礼炮 拉炮

其中容易被具象化，也能带来缤纷的视觉体验与愉悦心情的只有拉炮了，如下图所示。

  在一步步联想中找到了表现图标按钮功能的具体形象

拉炮中会弹射出七彩的礼花，让人感到愉悦，也能带来视觉上的绚丽丰富体验，因此选用其代表"精彩活动"最为合适。

法则小结

　　设计拥有较华丽外形的图标按钮并不是毫无依据的，采用联想的方法可以找到能够表现与突出图标按钮功能的具体形象，这不仅是设计华丽型图标按钮的一种方法，也是让图标按钮能够更为形象与逼真地表现其功能的关键所在。

法则二　对比鲜明的色彩搭配让炫目升级

设计图标按钮时，除了要找到对应的表现形象外，色彩的使用也是关键。那么，什么样的色彩搭配可以让图标按钮看起来更加炫目与多彩呢？

先来看看下面这个界面
你觉得这个界面中哪些图标按钮看起来较为显眼？

图标按钮的较为显眼的

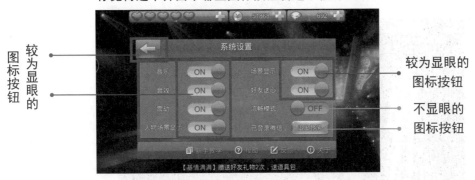

较为显眼的图标按钮

不显眼的图标按钮

▲ "全民炫舞"游戏设置界面

在上面的游戏界面中，我们一眼就能区分显眼与不显眼的图标按钮，原因是什么呢？
关键在于图标按钮的色彩设置。

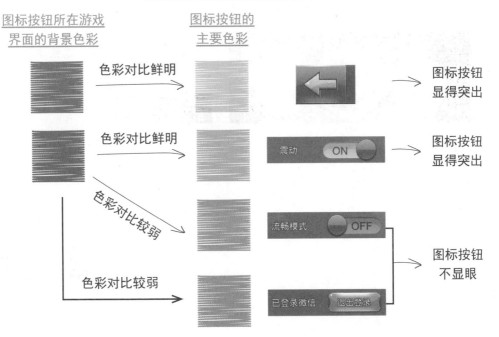

图标按钮所在游戏界面的背景色彩　　图标按钮的主要色彩

色彩对比鲜明　　图标按钮显得突出

色彩对比鲜明　　图标按钮显得突出

色彩对比较弱

色彩对比较弱　　图标按钮不显眼

从上面的例子可以看出，橙黄色按钮之所以看起来显眼，是因为它与背景色彩的反差较大，因此，色彩间的鲜明对比能让图标按钮在界面中更加突出。

又如下图所示的游戏界面中，图标按钮的炫目感其实是源于图标按钮色彩与界面背景环境色彩之间形成的对比衬托关系。游戏界面整体的色彩显得较为暗沉，而图标按钮被高明度的色彩包围，与环境色彩形成对比，就像是黑暗中的一道光，这样的色彩搭配与对比便产生了耀眼夺目的视觉效果。

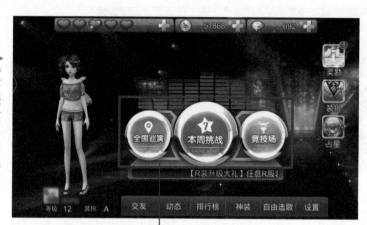

『全民炫舞』游戏界面

进入游戏不同版块的三个图标按钮
它们拥有耀眼夺目的视觉感

形成鲜明对比

暗色调的界面
背景色彩

图标按钮周围
的高明度色彩

法则小结

　　除了改变图标按钮的造型让图标按钮显得较为华丽与丰富以外，对比鲜明的色彩搭配也能让图标按钮的炫目感升级。

法则三　细节添加赋予按钮华丽质感

当需要设计出能博取用户眼球、显得华丽炫目的图标按钮时，除了之前介绍的改变图标按钮的造型、调节图标按钮的色彩搭配等方法外，适当地给图标按钮添加细节装饰图形，也能让按钮具有华丽的质感。

以本章3.2法则二中的按钮为例，我们已经知道添加适当的描边或投影等特殊装饰效果能够丰富图标按钮表现力，但要想让图标按钮变得更为华丽则还需要更进一步——添加细节装饰图形与符号，而不同的细节又会让图标按钮产生不同的视觉体验，如下图所示。

原始图标按钮

添加细节装饰后

圆滑图形的添加让图标按钮有了
圆润与可爱的视觉感受

星光图形的添加让图标按钮
有了闪耀与光亮感

渐变色彩装饰
让图标按钮更精致

此时，可继续在细节上进行适当修饰。例如，为了迎合装饰图形所带来的闪耀感，可以适当调节图标按钮的色彩，使其具有渐变与过渡的装饰效果，这样可以让闪耀感更为强烈，图标按钮也更显得精致，如左图所示。

下面通过分析一个游戏界面的实例，来看看上述法则的具体运用。如下图界面中红框标出的图标按钮所示，当整个游戏界面呈现了较为绚烂夺目的视觉效果时，适当的装饰让图标按钮有了绚丽的造型与外表，迎合了游戏界面的整体风格。

▶「全民炫舞」游戏界面

无装饰的图标按钮显得单调
不能表现任何视觉效果

装饰图形让图标按钮
有了闪耀感
与游戏界面风格统一

"PK"文字装饰的添加
增强了对战的气氛

黄色与橙色的渐变装饰让图
标按钮有了金灿灿的视觉感

淡黄色光束图形的
添加增强了闪耀感

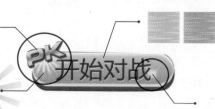

光斑装饰图形让
图标按钮越发闪亮

 法则小结

　　给图标按钮添加适当的装饰图形和文字，并注意颜色搭配，能让按钮更具华丽耀眼的质感。

 起引导提示作用的文字图标按钮

　　如本章开篇所述，带有文字的图标按钮有两种 ：纯文字的图标按钮和文字结合图形的图标按钮。而其中的文字不仅可用于说明该图标按钮的功能，而且还可用于吸引用户的关注，或对游戏的操作进行引导，如下图所示。

功能的文字　说明图标按钮

文字告诉用户点击该按钮
可以进行游戏积分兑换

PK 开始对战

文字告诉用户点击该按钮
可以开始游戏对战

图标按钮文字　起引导与提示作用的

点击开始游戏

文字引导用户
进行点击操作

文字起到了
提示性作用

优点分析

　　文字可以让用户在第一时间明白如何对游戏进行操作，对于提高游戏操作的流畅度非常有帮助。

　　在游戏的提示文字部分适当添加可操作的图标按钮，也能让用户在点击的过程中进一步注意到提示文字，起到吸引用户关注重要信息的作用。

法则一　利用文字引导用户操作

通过之前的讲解我们知道，可以使用三角形与圆形组合成图标按钮来代表"开始游戏"，而如果将图形换成文字说明又会产生什么样的视觉效果呢？如下图所示。

▶『疯狂来往』游戏界面

纯文字图标按钮　　　　　纯图形图标按钮

两者功能相同
带来的视觉感受却不同

纯图形的图标按钮需要用户知道该图形约定俗成的含义才能发挥作用，而文字形式的图标按钮更加开门见山地告诉用户如何进行游戏的下一步操作。两者的功能虽然一致，却产生了不一样的视觉感受。

再来看看下面这两组图标按钮，左边的按钮带有文字，右边的按钮则没有，它们又形成了怎样的视觉感受呢？

相信大多数人在看到左边的按钮后，就能快速地明确自己可以执行的操作与操作的范围，而右边的按钮则不能，这便是文字所起到的引导操作的作用，如下图所示。

▶『果冻消消乐』游戏签到界面

通过按钮上的文字"点击领取"
用户可以一目了然地了解到
可执行的操作及操作的范围

没有文字叙述的界面
则让用户感到困惑
需要用户花较多时间寻找
需要操作的范围
降低了游戏操作的流畅度

法则小结

　　文字不仅可用于说明图标按钮的功能，还能引导用户进行游戏操作。

法则二　利用文字按钮互动引起用户关注

在手机游戏界面中，有时为了更好地展示游戏的某些功能，可以在合适的位置添加有文字的图标按钮，这种通过操控而产生的互动，能很好地吸引用户关注游戏界面上的重要信息。先来对比下面这组界面。

无文字操作按钮的界面

如果将界面设置为无操作按钮自动跳转说明的界面，虽然能给用户带来便利，但这种惰性设计却容易让用户忽略界面中的说明文字，导致用户无法很好地了解游戏的组成结构或操作方法。

有文字操作按钮的界面

▲ "疯狂来往" 游戏界面

添加 "知道了" 文字图标按钮后，便能让用户在自主操控时注意到界面中的文字内容。

既具有提示性
也具有可操作性的
图标按钮

其互动性让用户在操作中停留
并关注文字内容
是游戏界面操作
的指引与标志

法则小结

当界面中的某个部分需要引起用户的关注时，添加具有可操作性的文字图标按钮是一种吸引用户注意力的不错方法。

前文分别讲解了三种不同类型图标按钮的设计法则，下面通过一个案例对这些设计法则进行综合运用。

添加适当的文字
说明按钮的存在

在对右图的界面进行操作时，用户会因按钮无适当的文字说明而感到困惑，此时添加文字说明便能显得一目了然。

进入游戏的操作按钮
却没有任何文字说明

并且该按钮的外形与界面
具有一定的融合度
用户易将其误认为
界面的装饰图

此时添加文字说明便能
让用户明确操作范围

▼「Pet Doctor」游戏主界面

因此用户无法识别按钮
可能会花费过多时间
寻找游戏的入口

调整颜色搭配
突出重要信息

对比较弱
不能引起关注

对比强烈
文字清晰显现

在添加文字说明时，需要注意调整文字与按钮图形的颜色搭配，以形成对比鲜明的视觉效果，让文字更显眼。

对比强
字体颜色却
显得生硬

字体较方正呆板
与游戏风格不符

对比强
且字体颜色符合
游戏风格

字体圆滑可爱
与游戏风格匹配

在调整颜色搭配的同时也要注意选择与界面风格相匹配的字体，这样才能让按钮在对比中突出而又不会脱离游戏的整体风格设定。(关于字体的设计法则将在本书第7章中详细讲解。)

 添加装饰图形让按钮更加美观

在动物图形上直接添加文字会显得较为突兀，此时添加符合界面风格的装饰图形则能更加突出按钮的存在，同时也不会影响动物图形的美观度。如右图所示，通过直接联想法为按钮添加了胡萝卜的装饰图形。

添加装饰图形让按钮
更加明确与突出

除了采用图文结合形式的按钮，也可以使用纯图形按钮。如左图所示，在人们的意识习惯中，这样的符号象征着"PLAY"键，是易懂图形，放在游戏界面中很容易被人们识别和理解。

同时，按钮因功能的不同有了主次之分，在设计时调节按钮大小，能让用户在第一时间将关注点集中到尺寸较大的主要按钮之上，从而更为快速地进入游戏世界。

开启游戏界面
的主要按钮
尺寸较大

较次要的
设置按钮
尺寸较小

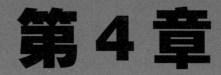

第4章

手机游戏界面中
图的运用

◆ 能通过给图片适当添加装饰效果来
创造游戏氛围或引导用户操作

◆ 能处理好游戏界面中的图与图标按
钮之间的关系

◆ 能灵活运用插图让游戏界面更加生动

4.1 丰富图片表现力的细节设置

图是手机游戏视觉设计中的重要视觉元素，具有较高的装饰价值，能给用户带来丰富的视觉体验。在平面设计中"图"的广义概念较为宽泛，除了包括摄影摄像等图片以外，还包含了绘制的矢量图、位图等图画，或是一些具象或抽象的图形图案，这一点也体现在智能手机游戏UI的视觉设计之中。

其中，将图元素运用到手机游戏的视觉设计之中后，也需要对图元素进行合理地装饰与安排，这能在一定程度上烘托出手机游戏整体的主题、设计环境及游戏特色。

法则一 添加图片装饰效果，突显游戏特色

下面分别为两款猜图类游戏的界面，界面中都使用了图片，而仔细观察不难发现，不同游戏中的图片有着细微的装饰差别。

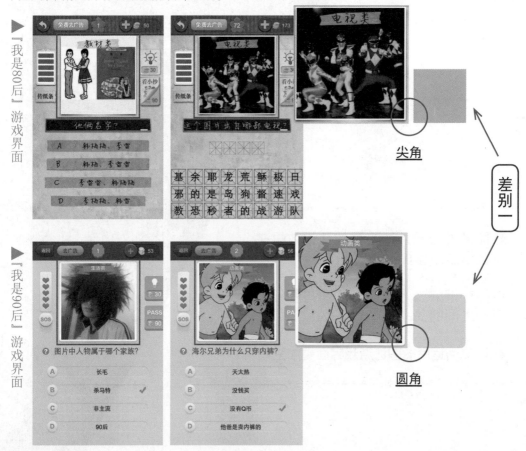

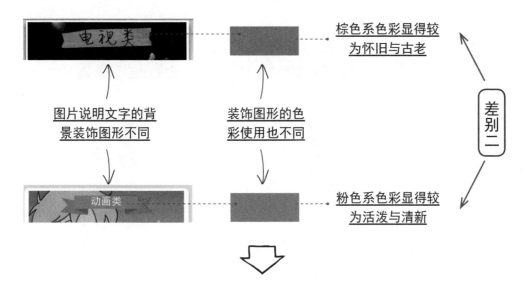

　　为什么会有这些图片的装饰差别呢？其实这与游戏针对的用户群的特点相关，用户群的特点决定了游戏整体的设计风格，因此设计者便采用了不同的图片装饰效果，如下图所示。

游戏名称	我是80后	我是90后
针对用户	主要为"80后"	主要为"90后"
用户群特点	"80后"出生在一个生活大变革的动荡年代，在这个年代里人们的生活水平与质量有了意想不到的飞跃。 随着时间的推移，如今"80后"人群也渐渐步入中青年的成熟阶段，他们在接受与适应新兴事物带来的冲击时，也不忘怀念儿时美好与质朴的生活，因此可以说怀旧与稳重成为了这一代人的重要特点。	相对于"80后"而言，"90后"如今正处于青春洋溢的年纪。而在他们出生的年代里，人们已经逐渐过上了不愁吃穿的小康生活，因此，"90后"的大多数人拥有较好的条件和较多的时间去追求更富有个性的新鲜事物。 可以说"90后"通常都显得较有活力与个性，而这也是他们的重要特点。

用户群
特点关键词

怀旧与稳重

活力、青春
与个性

相对应

相对应

尖角装饰
显得稳重大方

圆角装饰
显得活泼、富有变化

图片装饰
特点分析

装饰图形外观简洁
色彩较为复古怀旧

装饰图形较具个性
色彩较为活泼明快

图片装饰
特点关键词

怀旧、简洁
与稳重

活泼、明快
与个性

法则小结

　　根据游戏针对的用户群特点和游戏的主题为图片添加装饰效果，能够更加突显游戏
的特色。

法则二　添加叠加装饰，让图片参与交互

在设计游戏界面时，除了给图片添加能够突显游戏特色的装饰效果以外，还可以给图片添加叠加效果，如下图所示。

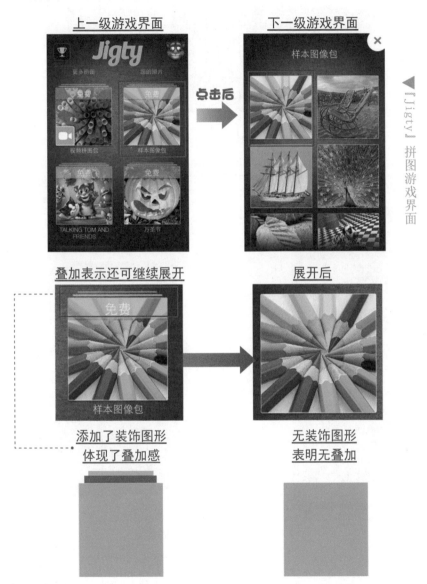

有叠加感的图片表示图片还包含未完全展示的内容，而无叠加感的图片表示图片已完全展开，没有需要继续展示的内容。这样的设计能暗示从概括到展开的界面层级关系，引导用户去点击有叠加感的图片，在一定程度上让图片具备了操作交互功能。

图片的叠加方式也有多种，如下图所示。设计时既可以将实际的图片叠加起来，也可以利用简单的图形装饰来模拟叠加效果。

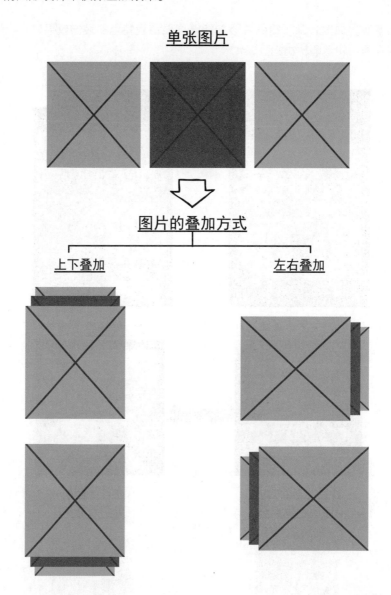

为图片添加叠加效果，既能丰富界面中图片的表现效果，又能体现游戏界面的层级关系，还能赋予图片操作交互的功能。

法则三　别让界面背景图片喧宾夺主

在对以图片为主要操作对象的游戏进行视觉设计时，需要注意把握游戏界面背景与图片之间的对比关系。让我们先来看看下面这几个游戏界面。

▲『海绵宝宝』拼图游戏界面

你能很好地分清上面这组界面的
拼图部分与背景部分吗？

再来看看下面这组界面
你能分清拼图部分与背景部分吗？

▲『Jigty』拼图游戏界面

通过对比可以感受到，我们可能无法很好地区分第一组界面中的拼图部分与背景部分，但却可以较好地区分第二组界面中的拼图部分与背景部分，这一视觉观感主要与界面的背景设置有关。

主要原因
对比分析

背景图片内容复杂
且颜色与游戏图片
接近，与游戏图片
产生了冲突

←→

背景选择了朴素简
洁的纹理图片，从
而突出了游戏图片

解决方案

1. 通过添加模糊效果弱化背景图片

2. 降低背景图片色彩的饱和度与明度也能增强其与游戏图片的对比关系

3. 为游戏图片添加边框，让其范围更加明确

分析完原因，我们便可以提出如左图所示的几种解决方案，通过对背景图片的微调，达到让游戏图片更加突出的视觉效果。

法则小结

在为拼图游戏这类以图片为主要操作对象的游戏进行视觉设计时，需注意使用的背景图片不能太花哨和抢眼，否则用户只会感到眼花缭乱，并且也要注意提示用户背景与游戏范围的区别。

4.2　游戏主界面中图的使用

　　游戏主界面是游戏启动后第一时间映入用户眼帘的界面，同时也是带领用户进入游戏环境的过渡和入口界面，用户会通过它对游戏产生第一印象，因而它也成为了游戏视觉设计的重点。

　　大多数情况下，游戏主界面中都会使用较多图片进行精心装饰。用好游戏主界面中的图，不仅能让游戏给用户留下良好的初次视觉体验，也能让用户通过该界面大致地了解游戏环境，从而更为流畅与连贯地开启游戏之旅。

法则一　合理组合图片，创造游戏氛围

　　视觉设计中的"图"除了包括上文所提到的类似Jigty拼图游戏中的写实图片与海绵宝宝拼图游戏中的动画截图图片以外，也包括了一些矢量或以位图形式出现的绘画作品或是图形图案。

　　在"我是80后"游戏的启动主界面中便使用了这些"图"的组合，将用户带入了一个充满回忆与怀念的游戏世界，如右图所示。

　　然而，并不是随意组合就能让用户感受到游戏的氛围的，"图"的组合也有一定的讲究。以右图的界面为例，我们可以将"图"的使用情况分为背景图与前景图两类。

『我是80后』游戏启动主界面

背景中"图"的组合

前景中"图"的组合

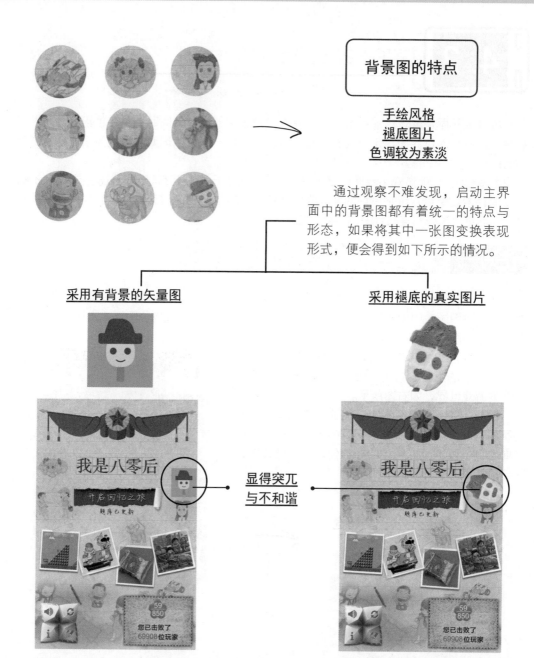

背景图的特点

手绘风格
褪底图片
色调较为素淡

通过观察不难发现，启动主界面中的背景图都有着统一的特点与形态，如果将其中一张图变换表现形式，便会得到如下所示的情况。

采用有背景的矢量图　　　　　　　　　**采用褪底的真实图片**

显得突兀
与不和谐

如上所述，主界面的背景虽然是由许多图组合而成的，但却并非毫无规律，这些图都有着统一的表现形式与风格，如果加入其他风格的图，便会让组合显得凌乱，也不能让界面背景统一在和谐的氛围中。因此，在对图进行组合时，不能忽略对于一致性原则的把握。

背景中的图通过风格与表现形式的统一，让组合显得和谐统一，那么再来看看前景中的"图"是如何组合的。

　　前景中被组合的图则没有统一的风格，如下图所示，其中包含了游戏截图、实物照片或手绘图画等。

手绘图画　　　　　　手绘图画

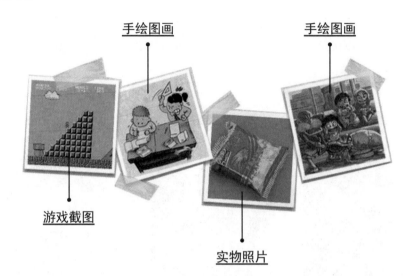

游戏截图

实物照片

　　即使没有统一的表现形式，前景中的图也被很好地组合在了界面中，这是因为这些图都拥有统一的装饰效果，如右图所示。

1. <u>统一的白框装饰</u>

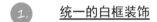

2. <u>统一的胶带装饰</u>

　　相同的装饰效果赋予了不同类型的图片一个统一的框架与外衣，让这些图片可以融洽地在界面中相处。

法则小结

　　在组合多张图片时，需要注意把握图片的统一感，方法有两种，第一种是统一图的表现形式和风格，第二种是统一图的装饰效果。

法则二　别让图抢了按钮的"风头"

　　根据游戏主题风格与设定的不同，某些游戏的启动主界面会拥有非常丰富的图的表现，如下图所示。

　　游戏的启动主界面相当于一个游戏入口，因此，在这些界面中通常会存在一些让用户进入游戏世界的操作按钮。在进行游戏启动主界面的视觉设计时，便要注意协调好图与按钮之间的关系。

开心消消乐　　　　　糖果传奇　　　　　果冻消消乐

如果动物没有……

以上游戏启动主界面中
图的表现无论从色彩还是组合形式来看
都显得生动、饱满与丰富
却没有带来无法找到
启动游戏按钮的视觉盲目感

如果游戏启动主界面变成
如下图所示的情况
你是否会觉得有点摸不着头脑
也不知道该如何进行下一步操作了呢？
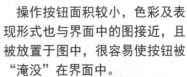

只有文字说明的操作按钮在花哨的背景中显得单薄、不起眼。

操作按钮面积较小，色彩及表现形式也与界面中的图接近，且被放置于图中，很容易使按钮被"淹没"在界面中。

操作按钮被放在了界面中"图"的下方，且部分被图遮挡，这样的设置很容易让用户先去注意"图"而忽略操作按钮。并且按钮中图形的色彩与文字色彩过于接近，用户无法很好地识别该按钮。

因为少了说明文字，且界面中有较为丰富的图的使用，人们会误以为该图形只是界面中图的一部分，而不具备任何操作功能。

上述情况便是没有协调好图与按钮的关系而导致的后果，进行改善的方法有两种。

第一，可以从图出发，整体降低图中所使用的色彩的纯度或明度，削弱图片对视觉的吸引力，从而突出界面中的按钮，如右图所示；或者虚化图中的元素，让按钮更明显，可参考本章4.1中法则三的内容。

第二，可以从按钮本身出发，对按钮进行强化设计，如左图所示，这一点可以参考第3章的相关内容。

无操作按钮

「天气爱消除」游戏启动主界面

直接跳转到游戏界面

不是操作按钮或重要的文字说明无需强调突出

有些游戏的启动主界面不会出现操作按钮，如左图所示。

使用这种界面的好处在于，保持了游戏界面中图的完整性，简化了操作步骤，在设计时也显得较为简单，不用考虑过多的对比关系，但却需要注意营造出符合游戏风格的氛围。

法则小结

在进行游戏启动主界面的视觉设计时，要注意把握好图和按钮之间的关系，不能让图抢了按钮的"风头"。

4.3 插图用得好，界面更生动

　　这里所说的插图不同于摄影作品，主要指的是通过手绘去表现设计效果的一种视觉传达形式。在游戏过程中，插图不仅可以起到一定的装饰美化作用，让用户在游戏时获得更佳的视觉体验或是更好地进入整个游戏的情景和氛围之中，而且可以作为一种提示，告知用户游戏的进度或结果。下面就来看看有哪些设计方法可以让插图给游戏界面带来更加生动的表现力。

法则一　使用符合用户认知经验习惯的插图传达情绪

　　在游戏过程中，总会存在成功或失败的游戏结果，而在表现这些结果时适当加入插图，可以更形象地表达成功或失败的情绪，如下图所示。

过关成功的游戏界面

过关失败的游戏界面

『保卫萝卜2』游戏界面

『天天消消乐』游戏界面

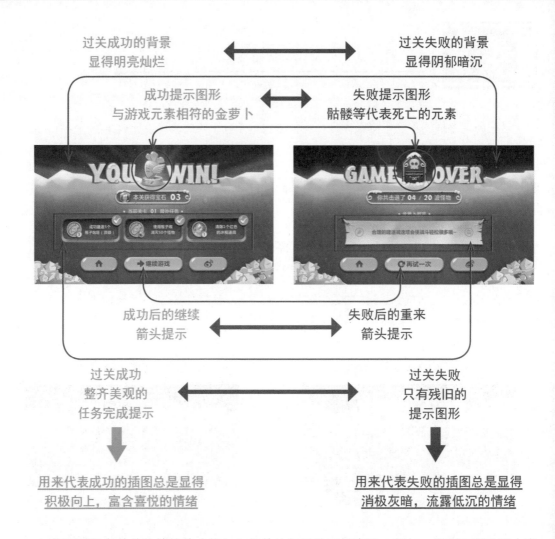

过关成功的背景
显得明亮灿烂

过关失败的背景
显得阴郁暗沉

成功提示图形
与游戏元素相符的金萝卜

失败提示图形
骷髅等代表死亡的元素

成功后的继续
箭头提示

失败后的重来
箭头提示

过关成功
整齐美观的
任务完成提示

过关失败
只有残旧的
提示图形

用来代表成功的插图总是显得
积极向上，富含喜悦的情绪

用来代表失败的插图总是显得
消极灰暗，流露低沉的情绪

插图所具备的传达情绪的功能与人们的认知经验习惯有关，例如，看到下面这两个表情时，我们的认知经验习惯会让我们这样理解这两个表情。

代表了开心与满意的表情

代表了悲伤与不满的表情

长期的生活经验让我们在面对不同图形时会产生不同的心理感受，因此，在进行游戏界面中的插图设计时，也需要把握用户的认知习惯，给代表不同情绪的游戏界面添加适当的插图，不符合用户认知经验的插图无法让用户正确感受游戏界面的情绪与提示，如下所示。

<u>表示成功的界面</u>	**表示失败的界面**	**原本为表现失败的界面**

插图中动物的表情是笑脸 在用户的认知经验中 笑脸代表快乐 与界面成功的情绪相符	插图中动物的表情是含泪的 在用户的认知经验中 眼泪代表悲伤 与界面失败的情绪相符	插图中动物的表情是笑脸 在用户的认知经验中 笑脸代表快乐 界面却要表达失败的情绪
<u>用户能很好地理解该界面</u>	<u>用户能很好地理解该界面</u>	**用户无法理解界面中的插图**

法则小结

　　在游戏界面中加入插图可以帮助用户理解界面所传达的情绪与信息，但要注意的是，插图的添加务必符合用户的认知习惯。

法则二　使用动态的插图创造游戏临境感

在游戏场景界面中添加具有动态效果的插图，能让游戏界面显得更加生动，让用户产生身临其境的感觉，如下图所示。

▲【The Tower】游戏界面

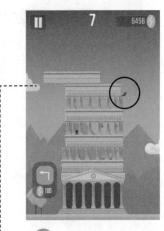

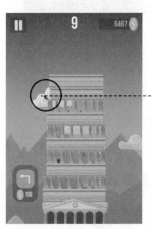

1. 界面背景中的插图并不是一成不变的。例如，天空中的云朵在不停飘动。

2. 小鸟也会根据游戏进行的阶段和状态停栖在不同的塔层上。

上述两点便是这款游戏在视觉设计上的亮点——富有动态感的插图设计。相对于静态的插图而言，动态插图更渲染出了游戏界面场景的真实性，给用户带来了临境感。

 法则小结

　　为界面中的插图元素添加动态效果，能让界面充满流动感，不会显得死板，也能让用户更为生动地感受游戏所营造的环境。

法则三　使用富有情景效果的插图增强表现力

　　游戏中的某些视觉元素有着其所需要传达的意义与功能，此时，结合视觉元素的意义与功能以及元素所处的游戏大环境，将这些元素形象化与具体化为插图的表现形式，这种富有情景效果的插图的使用，不仅能让用户轻松理解元素的作用，也能增强游戏界面的表现力，如下图所示。

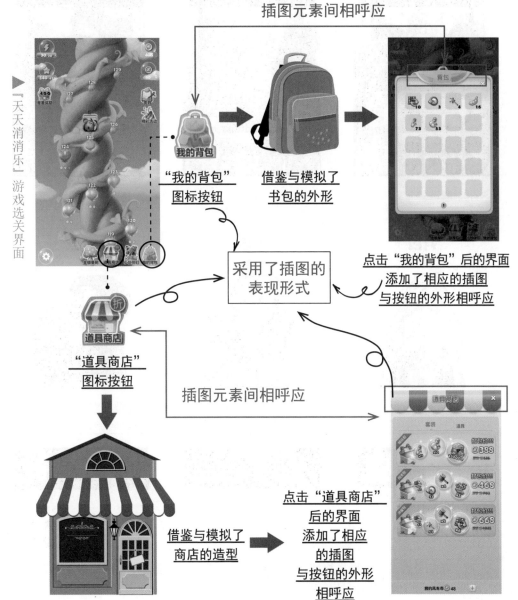

富有情景感的插图设计也体现在"龙之军队"游戏的抽宝箱界面中，与游戏风格相呼应的插图，以及不同等级的宝箱与插图之间的对应关系，都让整个游戏氛围更加浓烈。

『龙之军队』游戏中的抽宝箱界面

"传国之宝"宝箱　　　　"公主的嫁妆"宝箱　　　　"宰相的秘密"宝箱

最贵的宝箱　　　　　　价格中等的宝箱　　　　　　最廉价的宝箱

对应　　　　　　　　　对应　　　　　　　　　对应

身份最高贵的国王　　　身份较高贵的公主与　　　身份相对卑微的宰相
与拥有华丽外观的宝箱插图　拥有较华丽外观的宝箱插图　与拥有质朴外观的宝箱插图

法则小结

　　适当添加符合游戏主题风格或按钮功能含义的插图，能让游戏界面变得更富有表现力，且能突显整个游戏的情景与氛围。

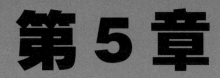

第 5 章

手机游戏界面中的
色彩运用

◆ 能根据游戏整体的情境或玩法等
   设定确定游戏的主色调

◆ 了解色彩对比带来的不同感受,
   并能运用到游戏界面设计中

5.1 游戏基调与风格影响界面主色调

在绘画作品中，不同的色彩搭配会形成不同的色调，画作也会因此令观赏者产生不同的视觉体验与心理感受，这是由色彩的属性所决定的。而与绘画相似，在游戏界面的设计中，色彩也是影响人们对界面的视觉感受的一个重要元素。

大多数游戏都会拥有自己的基调与风格，它们都可以通过游戏的主色调表现出来，如下图所示。

例如，想要设计一款较为甜美的游戏 → 可以将游戏基调定为甜美清新倾向 → 此时游戏的主色调便可以如下所示

游戏设定简介

决定

游戏的主色调

该游戏定位为一款风格甜美清新的换装养成游戏。玩家在游戏中将扮演名为"暖暖"的可爱女孩，在环游世界的过程中迎接独具匠心的服饰搭配任务挑战。

甜美清新的淡粉色系色彩

『暖暖环游世界』游戏界面

下面便来看看如何使用色彩表现不同的游戏基调与风格。

法则一　高纯度色彩表现活泼的游戏风格

对比右边两组色彩可以发现，低纯度的色彩显得素净，给人淡雅、宁静的视觉感受，而高纯度的色彩显得更加鲜艳，给人热烈、欢快的视觉感受。因此，如果游戏整体基调设定为活泼可爱的风格，就适合在设计时选用鲜艳与丰富的高纯度色彩，如下图所示。

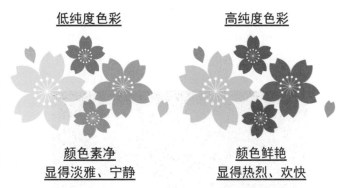

低纯度色彩　　　　　高纯度色彩

颜色素净　　　　　颜色鲜艳
显得淡雅、宁静　　　显得热烈、欢快

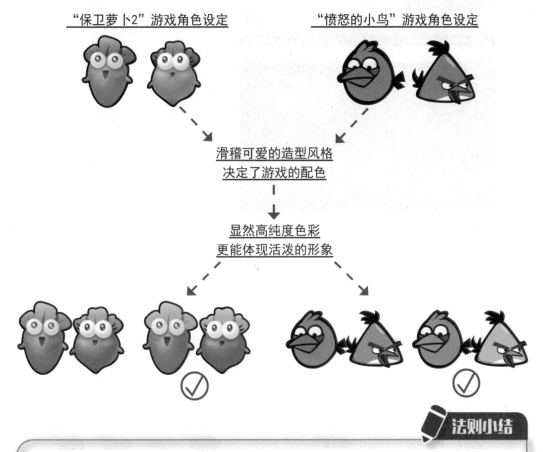

"保卫萝卜2"游戏角色设定　　　　"愤怒的小鸟"游戏角色设定

滑稽可爱的造型风格
决定了游戏的配色

显然高纯度色彩
更能体现活泼的形象

法则小结

对于定位为活泼可爱风格的游戏，其主色调适合使用高纯度色彩的搭配，因为高纯度色彩更能展现活泼与可爱的气质。

法则二　暗灰色调烘托紧张的游戏氛围

　　鲜艳与明亮的色调带给人轻松愉悦的感受，与之相反，暗灰色调会让人联想到连绵不断的阴雨天气或者暴风雨来临前密布的乌云，因而产生一种阴暗、压抑与紧张感。将这样的色调运用在游戏界面中，能烘托出游戏的紧张氛围，如下图所示。

较高明度色调

由于界面多采用无彩色
因此总体风格趋向暗淡
但由于明度较高
阴暗与紧张感仍不明显

低明度色调

降低界面色调的明度后
界面显得昏暗
形成了紧张而压抑的视觉感

　　不同的色调会令相同的界面内容产生不一样的视觉体验，那么应如何确定游戏所采用的色调的明度呢？仍然需要结合游戏的整体设定。

例如，当游戏为激烈战斗
的基调与风格时

对应
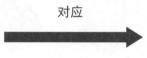

相对于明色调
暗灰色调更能烘托游戏
的紧张气氛

明色调

暗灰色调

上文中所展示的低明度色调的界面为"影之刃"这款手机游戏的选关界面，该游戏的界面配色便做到了界面色调与游戏设定相统一，如下所示。

"影之刃"是一款以江湖武侠为主线的格斗游戏，暗沉与腥风血雨的江湖被勾勒在了一个个游戏界面之中，通过游戏可以感受来自江湖的神秘与冷峻，也感受到格斗带来的紧张与肃杀感。

决定

游戏的主色调选择较为灰暗的色调，以突显游戏设定的氛围。

暗灰色调

游戏载入界面

选择关卡界面

连招设定界面

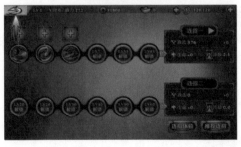

不论是哪个部分的界面
色调都倾向于暗灰色调
进一步烘托出了游戏的整体
设定——格斗的紧张感

『影之刃』游戏界面

暗灰色调通常能带来紧张与压抑的视觉情感体验，适合应用在以紧张、神秘、阴郁为基调的游戏界面中。

清新的色调带来舒适温暖的视觉体验

组成清新色调的色彩通常明度适中或偏高，下面主要介绍两种清新色调的色彩搭配，看看如何将它们运用在游戏界面中。

① 营造清新感少不了绿色与高明度色彩

明度适中或偏高的绿色色相最能带来清新感，因为这种色彩通常象征着萌芽的新生植物，显得充满朝气且清新怡人，搭配一些高明度色彩，能让界面拥有令人备感舒适与温暖的色调，如下图所示。

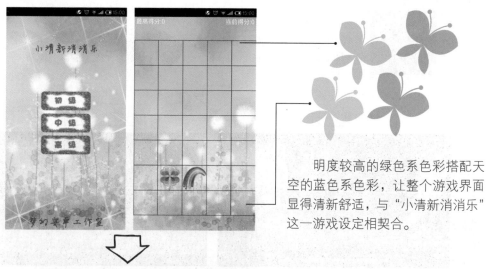

▶ 「小清新消消乐」游戏界面

明度较高的绿色系色彩搭配天空的蓝色系色彩，让整个游戏界面显得清新舒适，与"小清新消消乐"这一游戏设定相契合。

当高明度色彩转换为明度偏低的色彩后

界面似乎从白天变成了黑夜，清新感没那么强烈了，稍显黯淡与昏沉。

94

柔和的色彩也能带来清新感

色彩也能产生软硬的心理感受，其中柔和的色彩通常也能带来清新感。

▶
『烈焰战机』游戏界面

大面积明度较低的色彩
与冷色系色彩
较容易给人带来坚硬
而紧致的硬朗感

拥有较高明度的色彩与
暖色系色彩
则较容易给人带来
柔软、温和的视觉感

◀
『暖暖环游世界』游戏界面

游戏界面高明度与暖色系色彩为主的色彩设定，搭配细致的装饰与细腻的画风，让游戏整体沉浸在一种柔和清爽、备感温暖的氛围中。

法则小结

　　在设计需要具有温暖、清新感的游戏界面时，除了使用绿色系色彩以外，使用明度较高与拥有柔软体验的色彩搭配也是不错的选择。

法则四 无彩色与点缀色结合创造简洁生动的界面

无彩色其实就是黑、白、灰这三种颜色（也有人将金、银归为无彩色，本书仅讨论这三种颜色），如下图所示。除了这三种颜色以外的颜色则称为有彩色。相对于有彩色的丰富，无彩色显得单纯。

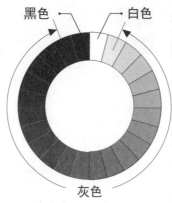

而点缀色并不是一种固定的色相，它是指在画面中所占面积比例较小的色彩，如下图所示。由于点缀色不会破坏画面整体的色彩感，因此适当添加点缀色能起到画龙点睛、加强画面情感传达的作用。

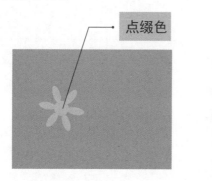

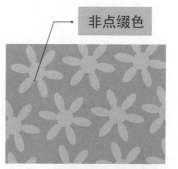

无彩色结合相应的点缀色的色彩搭配可以产生别具风味的视觉效果，如右图所示。

设定手机游戏界面的色彩时，有时采用无彩色与点缀色的结合能让游戏呈现一种简约明了又不乏生动的视觉感受，如下图所示。

游戏失败界面

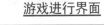

游戏主界面

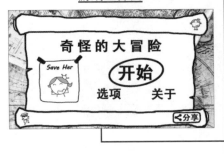

游戏进行界面

『奇怪的大冒险』游戏界面

所有游戏界面都统一采用以无彩色为主的设计
这使得游戏整体拥有简洁明了的视觉体验
而其中点缀色的出现让界面具有了生动感

蓝色点缀眼泪
让人物表情更生动

黄色点缀人物的头发
让人物不再单调，有了活力

法则小结

对于画面本身较为简单的游戏而言，采用无彩色的搭配去塑造游戏的整体简洁感是不错的选择，然而完全使用无彩色可能会让游戏界面显得单调，此时适当增添点缀色，能让界面在简洁明了中又不乏生气与变化。

法则五　双色搭配呈现独特的界面风格

　　双色顾名思义是两种颜色的搭配，对于某些主题、玩法设定较为单纯或游戏元素内容较为简单的游戏，双色的搭配能够丰富游戏的视觉元素表现力，同时也带来独特的视觉体验。

游戏"更多"界面　　　游戏主界面

　　"双色物语"便是一款运用双色搭配进行界面设计的典型游戏，如左图所示。

　　在这两个界面中统一使用了以下两种色彩。

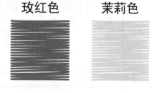

玫红色　　　茉莉色

　　双色搭配方案的使用是由这款游戏的游戏规则所决定的：游戏的玩法是通过移动方块，将原先由两种颜色组成的界面涂抹成同一种颜色。

贴合游戏整体设定
的色彩选择

　　根据游戏设定，"双色物语"的游戏大环境主要由背景色彩与游戏元素色彩两种色彩构成，若出现多色界面则会显得不协调，如右图所示。

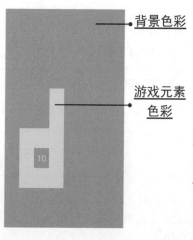

背景色彩

游戏元素
色彩

界面中用色较多
色彩虽然丰富
却与游戏的双色
风格不符

如下图所示，为了贴合游戏整体设定，界面均设计成了双色搭配的风格。

橙色系色彩与白色搭配

蓝色系色彩与白色搭配

 对比鲜明的颜色搭配形成醒目的界面

虽然只使用两种颜色，但设计时对颜色的挑选也并非任意而为。若选择对比不鲜明的颜色进行搭配，只会产生如下图所示的界面效果。

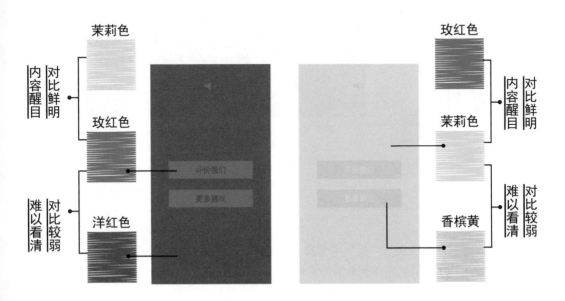

不同的关卡会有不同的色彩搭配，如下图所示，红色关卡选择了以红色为背景色、茉莉色为辅助色的色彩搭配，浅绿色关卡则选用了浅绿色与茉莉色两种色彩搭配。

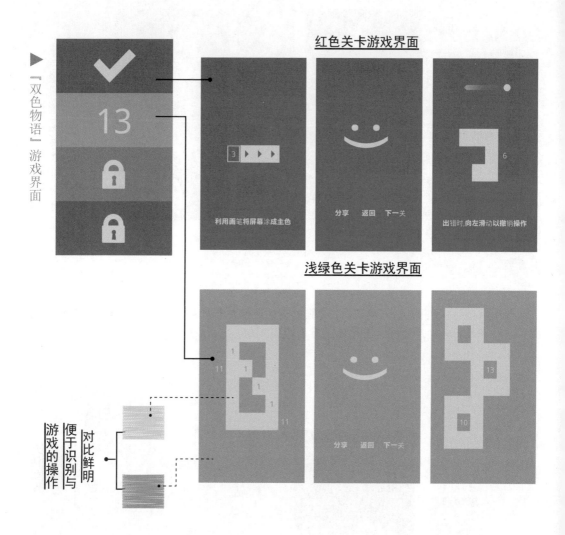

 避免过于刺激的色彩搭配

任何设计都需要注意对"度"的把握，过弱的对比会给用户识别游戏界面中的视觉元素造成障碍，过强的对比也会刺激用户的视觉，让用户在游戏过程中感到不适。

那么，什么样的色彩搭配会产生刺激感呢？首先需要了解互补色的概念。

在如右图所示的色相环中，相距180°一组颜色为互补色，如红色与绿色。当互补色被不当地搭配组合在一起时，较容易产生视觉上的刺激与不适感。

红色

180°

绿色

较为舒适的双色对比搭配

过于强烈的双色对比搭配

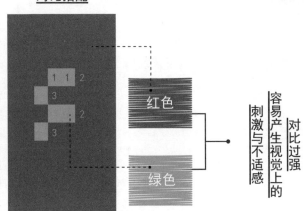

红色

绿色

容易产生视觉上的刺激与不适感

对比过强

除了互补色以外，一些属性过于接近或差异过大的颜色搭配在一起时，也较容易产生视觉上的刺激感，如右图所示。

同属刺激属性

红色具有膨胀感
黄色明度较高
两种颜色都较为刺激
搭配在一起更显激烈

黑色最为暗淡
黄色则显得耀眼
两种颜色反差强烈
搭配在一起显得敏感

差异过于强烈

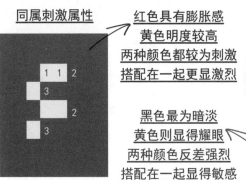

**法则小结**

　　对于某些元素设定较为简单的游戏，统一的双色搭配能让游戏拥有独特而清爽的视觉体验。然而，在选择双色搭配时需要注意控制两种颜色之间的对比，既要对比鲜明，又要避免给用户带来视觉刺激。

5.2 色彩变化表现游戏状态

让用户在玩耍游戏时明确了解游戏状态的变化是游戏需要提供的基本体验之一，而利用不同色彩形成一定的变化感受是达到这一目的的有效方法。

法则一 利用填色与未填色产生对比感受

我们可以将填色与未填色看成是事物的两种存在形式，如下图所示，其中又可以将未填色状态分为线稿与只填充无彩色这两种表现形式。

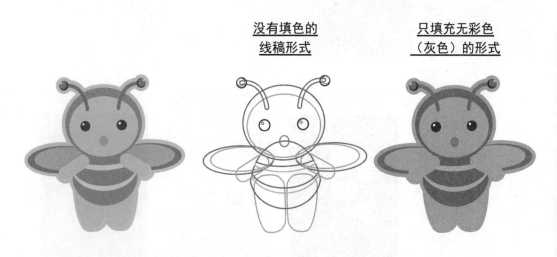

对于游戏界面的视觉设计而言，界面中的某些元素同样也可以存在填色与未填色两种形式，恰当地运用这两种形式形成的对比感受，能让用户明确游戏的进度与所处的环境状态。下面通过几个例子来看看这种表现方法的实际运用。

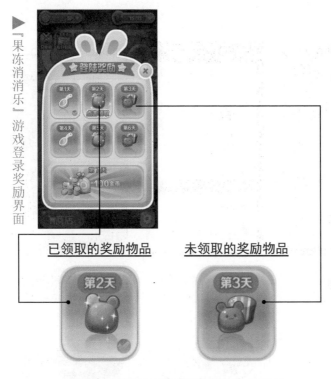

『果冻消消乐』游戏登录奖励界面

已领取的奖励物品　　　　未领取的奖励物品

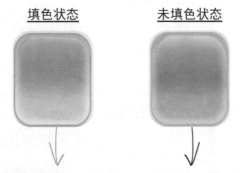

虽然奖励物品的图形都为彩色，但背景色彩的差异明示了两者的不同。

填色状态　　　　　　　　未填色状态

彩色填充的背景显得明亮、有活力，暗示着达成目标的喜悦，用于表现已领取奖励的状态较恰当。

无色彩的背景显得暗淡，也暗示着未开始或未达成目标，用于表现未领取奖励的状态较为贴切。

一彩一灰的对比关系在视觉上产生了明显的变化感
用户通过对比能清楚地了解奖励物品的领取情况

选关界面　　　　关卡开始界面　　　　游戏主界面

▶『糖果传奇』游戏界面

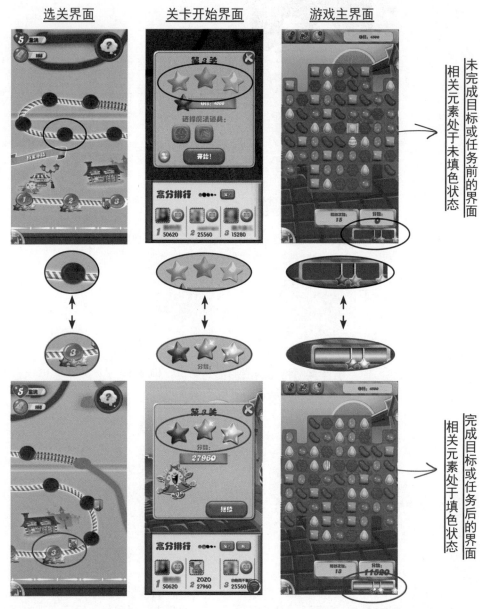

未完成目标或任务前的界面
相关元素处于未填色状态

完成目标或任务后的界面
相关元素处于填色状态

法则小结

　　利用视觉元素的填色形式与未填色形式产生的对比感来表现游戏的进度和状态，不仅能丰富游戏界面的表现形式，鲜明的变化感也能帮助用户流畅地操作游戏。

法则二　利用浮出与下沉产生对比感受

有时在游戏的一些界面中需要摆放较多选项，此时通常采用选项卡来对繁多的选项进行分类组织，然而，应该如何让用户明白当前起作用的是哪个选项卡呢？让我们先来看看以下游戏界面。

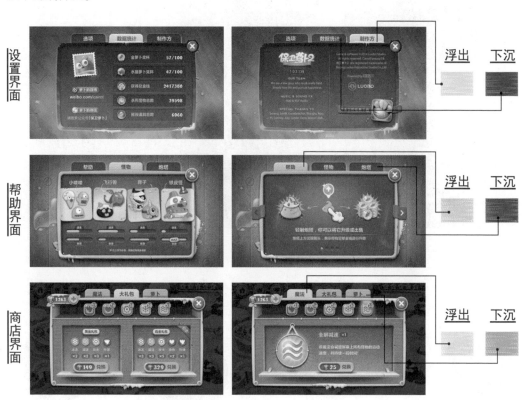

▲ "保卫萝卜2" 游戏界面

可以说上图通过投影等特效的添加可以让视觉元素呈现浮出与下沉的立体感，然而颜色在其中也起到一定作用，通过不同颜色的对比能更加明确选项卡所处的位置（前台或后台），我们可以将其总结如下：

浮出=前台=颜色对比突出=显眼　　下沉=后台=颜色对比暗淡=不起眼

法则小结

在手机游戏的视觉设计中，可以利用浮出与下沉的对比分别表现游戏界面中选项的选中与未选中状态，而利用色彩的变化去增强浮出与下沉效果是最为常见、效果也较显著的设计方法。

法则三　利用绚丽与朴实产生对比感受

▶『开心消消乐』游戏选关界面

许多游戏在过关后，会根据得分高低给用户授予不同的等级，那么如何体现出级别的高低呢？此时，利用不同的色彩组合形成绚丽与朴实的对比变化，是表现等级高低的不错手法。

如左图所示，"开心消消乐"游戏中根据用户得分的不同为每个关卡授予相应的星级，不同的星级又拥有不一样的色彩表达，具体对比如下图所示。

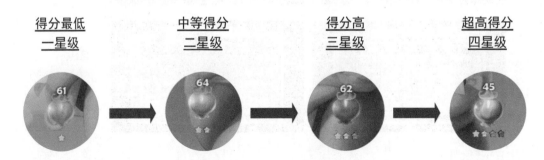

得分最低 一星级	中等得分 二星级	得分高 三星级	超高得分 四星级
使用代表未成熟的 青涩果实的绿色 最为朴实	用色过渡到黄色 暗示果实逐渐成熟 代表着星级的提升	用色变为了橙黄色 如同金灿灿的金牌 代表果实就要成熟	用色变得丰富 如同彩虹一般绚丽 代表最高星级

法则小结

　　利用具有象征感的色彩去展现游戏界面中元素的绚丽与朴实感，能让用户在对比中确切地感受到游戏成绩的等级高低。

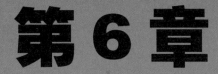

第6章

手机游戏界面中的
图表运用

- ◆ 了解图表的概念和类型

- ◆ 能利用图表表现游戏的对抗气氛

- ◆ 能利用图表归纳和呈现游戏信息

- ◆ 能对图表进行适当变形，让游戏
  界面气氛更加浓厚、生动

6.1 利用图表呈现游戏的对抗感

什么是图表

图表的定义

图表是指表示各种情况和注明各种数字的图和表的总称，如示意图、统计表等。图表的作用在于将抽象的数据变得清晰和简洁，以更为直观的形式展示出来。

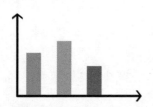

日期	苹果	梨子
10.9	5元/斤	5.5元/斤
10.10	5元/斤	5元/斤
10.11	6元/斤	5元/斤

图表的构成

图表由"图"或"表"与数据两个部分组成，其中对于"图"的设计其实也属于视觉设计的范畴。但图表设计还会加入统计学等学科的概念，以实现统计与视觉的统一。

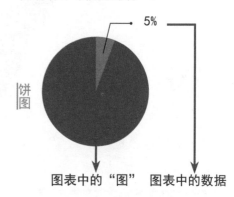

图表中的"图"   图表中的数据

图表中的"图"，让图表拥有了不同的外形与丰富多变的视觉表达形式，这便让图表成为了一种视觉设计的表现手法。

因此，在进行手机游戏的视觉设计时，也可以适当加入图表元素，让整个游戏界面更加生动与直观，如右图所示。

图表清晰直观地显示了宠物的战斗力情况

▲ "宠物乱斗"游戏中的宠物战斗力分析图表

图表中的图有多种形式，其中最为常见的四种基本类型是条形图、柱形图、折线图与饼图。除了这四种常见类型外，还有其他形式的图表，如雷达图、散点图等，如下图所示。

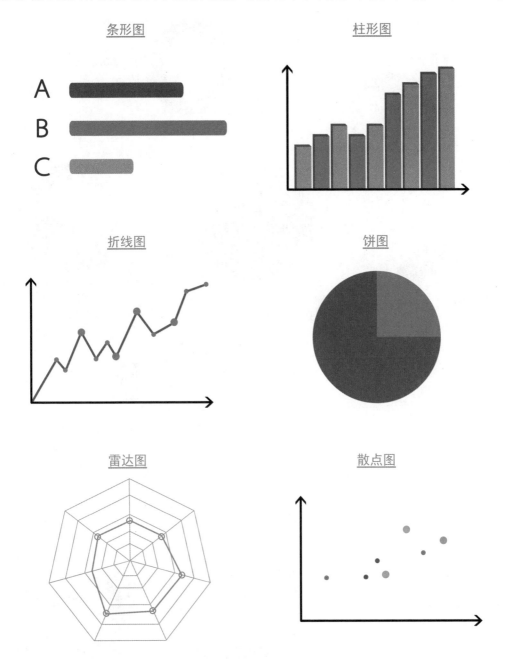

当然，这些图表形式并非一成不变，也可以进行一定的变化，从而让图表的表现形式更为丰富。例如，如下所示的饼图的各种演变形式。

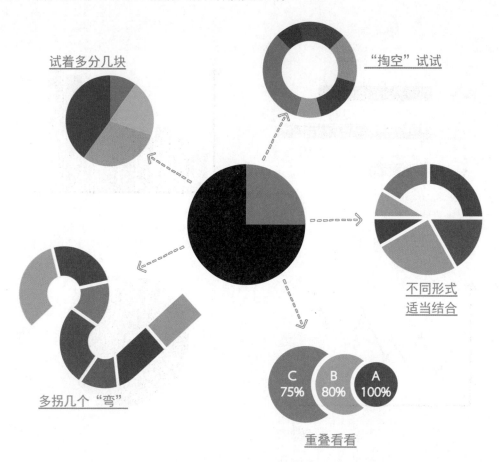

试着多分几块　　"掏空"试试　　不同形式适当结合　　多拐几个"弯"　　重叠看看

C 75% B 80% A 100%

上图所示的演变形式也告诉我们，在进行手机游戏的视觉设计时，可以根据游戏的设定或者界面中信息传达的需要，选择合适的图表类型并进行相应的变形，以更好地展示游戏信息，如下图所示。

射箭游戏中利用箭靶与饼图的结合展示数据

25%命中率　　50%命中率

法则一 利用图表展现实力差距

选择恰当的图表表现游戏状态变化的情况，可以让用户迅速了解自己与对手间的差距，这一点尤其体现在具有对战性质的游戏中。

 选择恰当的图表与装饰

如下图所示，为了直观而简洁地反映游戏人物体力状态的改变，该游戏界面将体力状态通过条形图的形式展示出来。

界面选用条形图展示
游戏人物的体力状态

▶『疯狂游戏厅』游戏界面

黄色满格代表体力满格

体力满格时

体力减少时

黄色部分变短、深灰色部分变长代表体力减少

使用条形图表示游戏状态时，也需要注意使用适当的装饰效果，鲜明的对比能让用户更加快速地理解游戏信息。

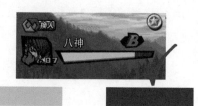

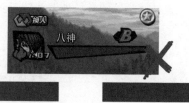

代表体力的颜色　　代表体力减少的颜色

代表体力的颜色　　代表体力减少的颜色

两种颜色对比明显
体力变化的情况一目了然

两种颜色对比较弱
体力变化的情况不易看清

 使用对称布局增强对抗感

在具有对抗性质的游戏中，用户需要通过了解自己与对手的游戏状态来相应调整战术，这便要求游戏界面能清晰地反映用户与对手的游戏状态对比，此时对称布局成为了不错的选择，如右图所示。

游戏人物与体力条形图
被安排在游戏界面的两侧
形成对称布局

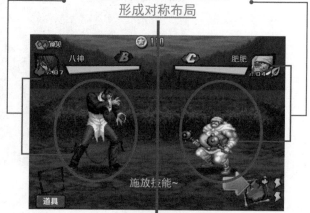

对称布局让用户与对手间有了紧张的对峙感
同时体力条形图的对称安排
也让游戏人物的状态变化形成鲜明对比
清晰地展示在用户眼前

法则小结

　　选择恰当的图表与装饰可以明确与清晰地展示游戏信息，同时这些图表在游戏界面中的布局也是信息能否清楚呈现的关键。例如，在具有对抗性质的游戏中，使用对称对比构图能让游戏信息数据在对比中清晰可见，同时也迎合了游戏的对抗气氛。

法则二　利用图表制造抗衡感

　　在某些游戏中，对抗感显得更加强烈。相比于用户一个人操作一部手机，并通过网络寻找对战对手所产生的抗衡的距离感而言，两个玩家同时操作同一部手机、面对面对战的气氛要为更为激烈。

　　如下图所示的Math Fight便是一款面对面对战的智力游戏。对手与"我"在同一部手机中同时答题，能够更快更准确地完成所有题目的一方便能赢得游戏的胜利。

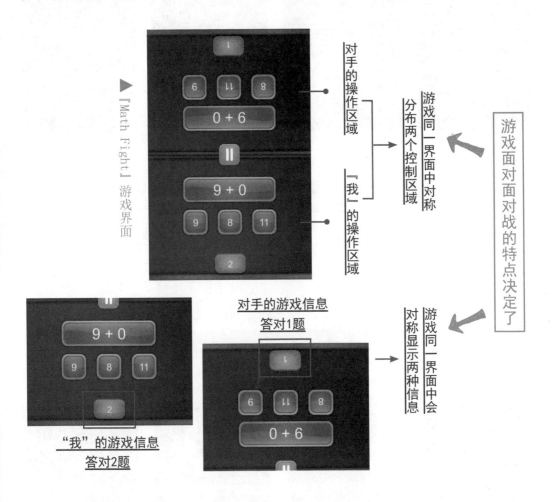

▲【Math Fight】游戏界面

对手的操作区域

"我"的操作区域

游戏同一界面中对称分布两个控制区域

游戏面对面对战的特点决定了

对手的游戏信息
答对1题

"我"的游戏信息
答对2题

游戏同一界面中会对称显示两种信息

　　游戏界面所采用的对称设计让两位用户拥有不同的控制区域，同时进行操作，开始面对面比赛。游戏过程中，"我"可以清晰明确地看到自己的游戏信息，但对手的信息对于"我"而言却是颠倒放置的，这便形成了阅读障碍，导致双方都不能很快地获取对方的游戏信息，无法明确与对方的差距，不能做到"知己知彼"，这一点便是需要进行改进的地方。

如何进行改进呢？此时利用图表成为了不错的选择。图表的清晰与直观性能将游戏对战信息与对抗气氛更为明确友好地展现出来，如下图所示。

在紧张的比赛过程中
如下所示的界面并不能让"我"一眼看出与对手间的差距

此时可以利用与线条造型相似的条形图作为操作区域的分界线
并利用颜色区分"我"与对手的信息

橙色代表"我"的信息　　　　　　　　　绿色代表对手的信息

两者组合可形成具有信息意义的条形图

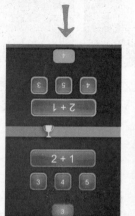

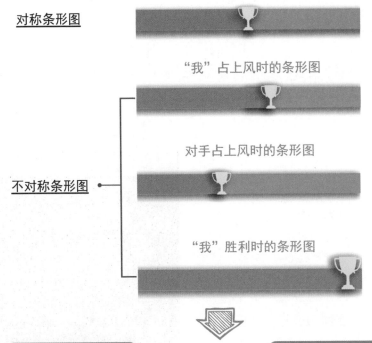

对称条形图　　　　平局时的条形图

"我"占上风时的条形图

不对称条形图　　　对手占上风时的条形图

"我"胜利时的条形图

条形图便于阅读

条形图能让用户一眼便分辨出游戏当前的状态，如上图所示，当橙色部分所占比例较大时，代表"我"在游戏过程中占上风，而当绿色部分所占比例较大时，便代表对手在此时处于上风。

直观的图表表现，使用户在紧张的游戏过程中一眼便能读懂对手与自己的游戏状态。

条形图营造游戏气氛

随着游戏的进行，游戏信息数据不断变化，条形图也会相应地发生对称与不对称的变化。在你争我夺的游戏过程中，形成此消彼长、如同拔河比赛一般的视觉交替效果。

这样的交替变化，更加生动地表达出了对抗过程中的拉锯感，营造出了紧张的对战气氛，迎合了游戏的整体设定。

法则小结

与上一法则中的条形图用法相比，直接将不同信息组合在同一个条形图中，表现出拉锯的视觉效果，能更加强烈地烘托出游戏的对战气氛。

当然这需要根据具体的游戏情况而定。条形图拉锯的表现方式较适用于只表现两方信息的游戏界面中。

6.2 利用图表归类让信息井井有条

上一节主要介绍了图表中的"图"的应用，而图表中的"表"对信息的归纳和呈现也有着不可忽视的作用，如下图所示。

界面中过多的文字信息

无法让用户快速与直观地
了解游戏的
结果与得分状况

试试加入
"表"的表现方式——表格

将文字内容进行归纳
恰当地排列在表格中
游戏得分信息便一目了然

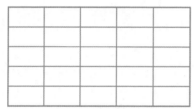

分数	
你赢啦	
"我"的信息	对手的信息
归纳的得分信息展示	

游戏界面中适当变化的表格

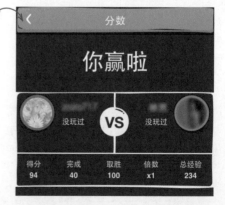

恭喜你
在与林然的 PK 中
赢得了胜利

你一共获得了94分，
本局得分40分，获得100%
的取胜率，得分倍数1倍，
总经验值234。

将文字信息表格化后

你赢啦

没玩过　VS　没玩过

得分	完成	取胜	倍数	总经验
94	40	100	x1	234

▲「么么答」游戏分数统计界面

如上文分析所示，我们可以将图表中的表格理解为另一种信息可视化的表现形式。在利用表格呈现信息时，需要先对信息进行有效分类和归纳，也正因如此，表格对于信息的展示总是显得一目了然。

表格的表现形式众多，有挂线表、无线表、卡表等，如下图所示。它们都是常规的表现形式，都可以被运用在游戏界面之中，同样也可以根据情况适当变形。

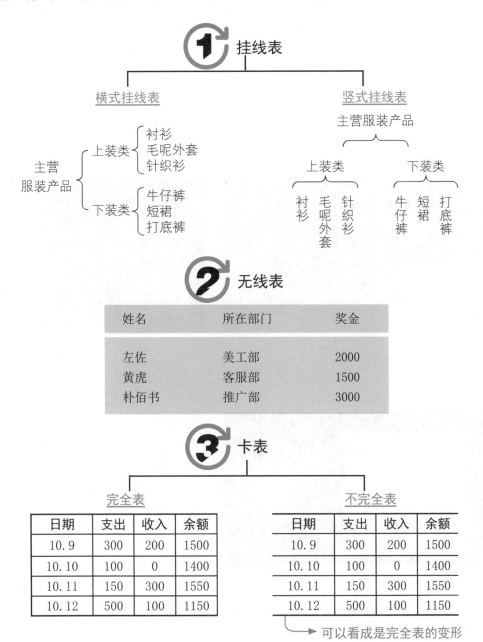

法则一　利用列表创造工整布局

　　列表拥有从上到下纵向有序而均匀的罗列布局结构特点，将这样的特点应用到手机游戏的界面设计中，会让界面显得整洁。

　　同时列表也经常被用于数据的统计。对于游戏界面而言，也可以将游戏信息进行归纳统计后放入列表中。虽然此时的列表不具备Excel中的表格那样的统计作用，但作为一种视觉表现形式，列表能让数据排列得工整有序。

 利用列表展示游戏数据

　　对游戏的数据进行统计与归纳后，将它们纵向有序地罗列在游戏界面中，便会形成游戏界面中的列表表现形式，如下图所示。

▲"保卫萝卜2"数据统计界面

游戏获奖情况列表

统计对象　　　对应统计数据

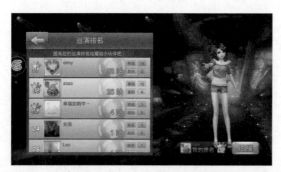

▲"全民炫舞"排名统计界面

游戏排名情况列表

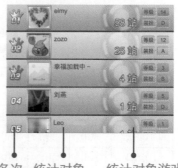

名次　统计对象　　统计对象游戏数据

　　列表规整的纵向布局让数据与统计对象的对应关系一目了然，也因此让游戏数据得到了清晰有序的排列和展示，能让用户更直观与快速地浏览游戏数据。

利用列表罗列游戏选项

列表还有一个显著的特点是每列内容的均衡分布——通常情况下，列表中所展示的数据都属于平级并列关系，因此列表中的每一项数据都会拥有相同的分布面积，这样的均衡表现也让列表有了整齐划一的外观。

在游戏界面中也可以运用这种整齐划一的表现形式。例如，当游戏界面中有较多要展示的选项，且每个选项又都处于平级、拥有相同的外观造型与表述格式时，采用列表的形式将它们罗列在游戏界面中，能更加便于用户进行选项的浏览与选择操作，如下图所示。

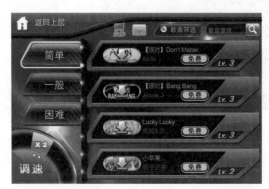

上图所示的歌曲选择界面便呈现列表式布局
在界面中"简单"选项下拥有众多并列的歌曲选项

统一的歌曲选项表述格式

歌曲图片　　歌名、歌手　歌曲快慢等级

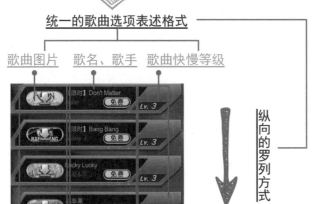

纵向的罗列方式

形成了整齐划一的列表式布局，界面因此显得整洁，用户也能更轻松地进行游戏选项的浏览与选择操作。

法则小结

列表式布局能够归纳性地表达游戏中的相关数据，也可用于排布有着相同表现格式且处于平级的选项，这样既能让界面整洁美观，又能方便用户操作。

法则二　变化表格突出重要信息

表格的布局并不总是像列表一般工整，其结构可以根据游戏界面的设计风格与需求进行灵活调整。如下图所示的游戏界面在呈现个人资料信息时便使用了表格的变化形式。

在视觉传达方面

在信息数据表现方面

表格相当于规范界面布局的框架，它能让界面显得整齐。

该游戏界面中的表格结构根据游戏信息数据进行了适当改变，如下图所示。最后依照这样的框架，添加符合游戏设计风格与环境的视觉元素及数据信息。

表格作为图表的重要组成部分，自然也具备了表现数据的功能。

如下图所示，游戏界面中所采用的表格形式通过分类、分栏的有序表现，清晰地展示了信息数据。

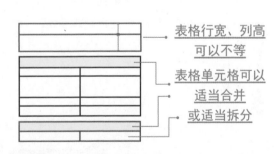

表格行宽、列高
可以不等

表格单元格可以
适当合并
或适当拆分

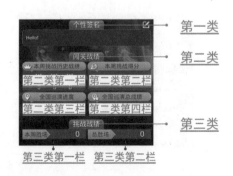

第一类

第二类

第三类

第三类第一栏　第三类第二栏

在游戏界面中对表格的表现形式进行改变也并非毫无依据。在保证清晰呈现游戏信息数据的前提条件下，突出重点信息，削弱次要信息，也是对表格进行改变的依据，如下图所示。

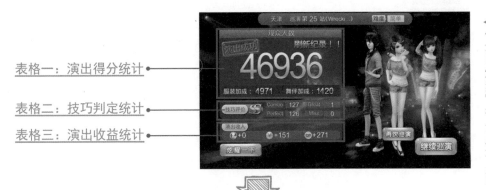

表格一：演出得分统计

表格二：技巧判定统计

表格三：演出收益统计

『全民炫舞』得分展示界面

该界面为得分展示界面
最终的总得分是用户最关注的信息
因而也是要重点呈现的信息
在设计时就需要突显该部分信息

表格单元格被合并，让总得分信息可以更大面积地展示在界面中。

次要信息没必要占据过多空间，因此即使有两个得分信息也被安排在了同一行的两列中。

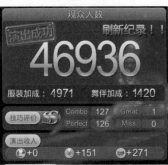

表格二、三中的信息更为次要，因此表格所占面积更小，并且也没有必要再增加表格的行数与长度。只需在表格宽度不变的情况下，增加表格列数去放置这些信息。随着列数的增加，每一项信息的显示面积便会变小，然而由于它们是次要信息，这样的方式并不影响信息的传递。

法则小结

　　表格框架可以根据表格中信息内容的重要程度进行相应的改变与调整，从而能主次分明地呈现数据信息。

6.3 图表的花样"玩"法

通过前文的分析，我们可以发现，在众多的游戏界面之中，有些类型的图表是较为常见的，或许因为它们更有利于游戏信息的表现，又或许因为它们更适用于游戏界面的布局。总之，这些常见图表值得我们去用心研究与灵活运用，尽管它们常见，但是它们同样能够"玩"出新的花样。

法则一 条形图变一变，游戏界面更生动

条形图是常见的图表之一，前文中提到的条形图用于表现游戏人物体力状态或烘托对抗气氛，除此之外，如下图所示的界面也包含了各种不同功能的条形图。

展示游戏进度的条形图　　　　展示属性数据的条形图

 『全民切水果』游戏界面

 『CSR赛车』游戏界面

 『全民炫舞』游戏界面

 『全民切水果』游戏界面

展示游戏经验值的条形图　　　　展示游戏得分状态的条形图

上述不论哪种功能的条形图，通常都是通过不同颜色色块间的明显对比，再搭配文字来展示相应信息的。然而条形图并非一成不变，还可以根据设计需要，适当调整造型，从而达到让游戏视觉设计风格整体统一的目的，如下图所示。

为突显赛车游戏的科技感
可以这样改变条形图：
倾斜+分段

▲ "极品飞车OL"中的条形图

"CSR赛车游戏"中的
条形图显得方方正正
与赛车的棱角感相呼应

"全民切水果"游戏整体
设计风格较为可爱
因此选用圆润的圆角条形图

除此之外，我们还可以在条形图中加入一些符号元素，这样能更加丰富条形图的表现形式，当然符号元素的添加也需要符合手机游戏的整体设定，如下图所示。

相对于只有色块与文字的条形图而言
添加了装饰符号元素的条形图显得更加生动

选用可爱的西瓜图形作为"全民切水
果"的活跃度条形图的装饰元素
符合游戏整体风格设定

条形图中礼物盒的色彩与光效装饰
都与"全民炫舞"整体较为华丽的
设计风格相符

法则小结

结合游戏整体的设计风格，适当地对条形图进行变形与装饰，既丰富了条形图的表现效果，也让游戏界面更加生动。

饼图也可以"变"起来

饼图也是一种较为常见的图表类型，同样可以在游戏界面中玩出新的花样。

 饼图的变形

　　如下图所示，也是在前文中提到过的，在游戏界面中运用饼图的变形形式来展示游戏的数据与信息。

"掏空"的饼图　　　　　　具有隐喻性的饼图

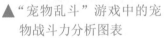

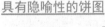

▲"宠物乱斗"游戏中的宠　　▲ 射箭游戏结果
物战斗力分析图表　　　　　数据统计图表

 借"形"不借"心"

　　有时也并非一定要在饼图中填入数据信息，我们可以只借用饼图的外形，在其中填入与游戏相关的其他信息，如下图所示。

在饼图中填入
奖品信息
点击"开始"
可抽奖

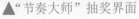

▲"节奏大师"抽奖界面　　　▲"保卫萝卜2"抽奖界面

法则小结

　　适当改变饼图的造型可以让它更灵活生动，有时也可以只借用饼图的外形，在其中填入数据信息之外的其他信息，让饼图"变"起来。

法则三　用流程图辅助信息呈现

　　手机游戏界面中的图表除了具有统计意义，其实还包括对信息进行可视化呈现的功能。流程图即是对信息进行可视化呈现的一种重要表现形式。如下图所示，将复杂冗长的文字信息与叙述通过流程图的方式展现，用户阅读和理解起来都更加轻松。

文字描述不够直观

加好友赢体力

　　只需要三步便可以加好友赢体力哟！第一步，在微信或QQ中选择一位好友；第二步，把游戏好友添加邀请发送给对方；第三步，耐心等待对方的同意，好友添加成功后，便可以立即获得体力奖励。

步骤流程图更便于阅读

加好友赢体力

1　在微信或QQ中选择一位好友

2　向朋友发送添加邀请

3　朋友同意获得体力

　　对于手机游戏的视觉设计而言，流程图也有不同的表现形式，其中较为常见的是迂回型时间轴式流程图和纵轴型时间轴式流程图。

 迂回型时间轴式流程图

　　如下图所示，这种流程图前进的依据是时间——随着时间的前进，每天签到的礼物便不同，因而被称为时间轴式流程图。由于所要表现的信息过多，例如签到的天数较多，且受游戏界面尺寸的约束，有时时间轴式流程图会呈现迂回的形态。

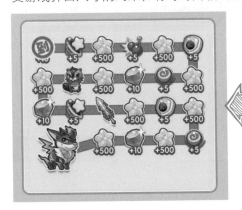

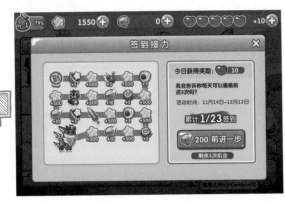

▲"全民切水果"游戏签到流程图

纵轴型时间轴式流程图

　　时间轴还可以纵向布局，形成纵轴型时间轴式流程图。如下图所示，用于辅助选关的图表呈时间轴式纵向布局，图表中数字向上依次增加，一级级的变化与流程图的表现方式相似，因此也可以认为该图表是一种时间轴式流程图。

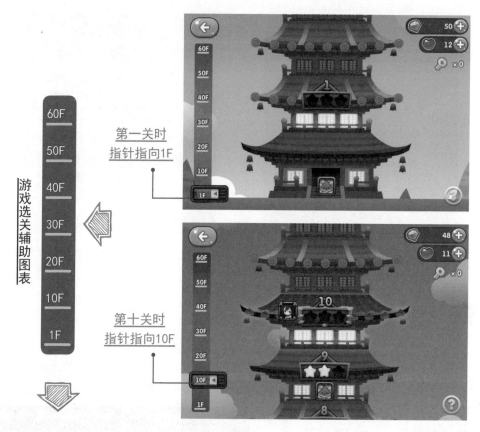

游戏选关辅助图表

第一关时指针指向1F

第十关时指针指向10F

「全民切水果」选关界面

　　移动图表中的指针块便可以方便快速地定位关卡，避免了一直滑动界面才能进行选关的麻烦。

 法则小结

　　在手机游戏界面中添加适当的时间轴式流程图，不仅可以辅助游戏信息在视觉上的输出，还可以方便用户的操作。

第7章

手机游戏界面中的
文字设计

◆ 能利用文字的表意功能引导用户
   操作

◆ 能运用文字的情感表达功能

◆ 能利用文字变化创造节奏感和韵
   律感

◆ 能对游戏界面中的字体进行装饰
   和美化

◆ 能合理把握游戏界面中的文字尺
   寸大小

7.1 使用文字引导用户操作

在手机游戏的视觉设计中，最引人注目的视觉元素或许并不是文字，然而手机游戏的视觉设计却离不开文字。很多时候只使用图形或色彩并不能清晰明确地表达界面或视觉元素的意义与功能，必须辅以文字的说明与引导。除此之外，文字有时也具备一定的装饰性，在游戏界面中适当地添加文字的修饰，也能更加丰富界面的表现力。

可以说文字可能不是手机游戏视觉设计中最起眼的设计元素，但对于整个手机游戏的视觉设计而言却有着画龙点睛的作用，而这个作用主要体现在表意与装饰这两个方面，如下图所示。

▶『植物大战僵尸2』游戏登录界面

文字虽然不如图形与色彩等视觉元素直观，但却具有明确的表意性特点，因此，在界面中添加文字，能起到一定的提示与说明作用。

例如，给按钮添加文字说明，能明示它们的功能。

文字也具备装饰效果——对文字进行适当修饰和变形，能够丰富文字的造型，增强文字的表现力，起到点缀与装饰界面的作用。

例如，文字在原有字体风格的基础上被图形化，对界面起到了装饰作用。

法则一　利用标记性文字进行引导

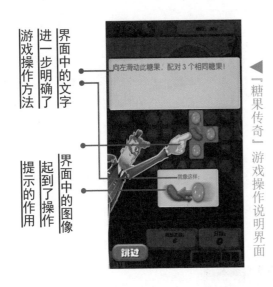

游戏操作方法
界面中的文字进一步明确了

界面中的图像起到了操作提示的作用

『糖果传奇』游戏操作说明界面

如前所述，文字的表意性使得文字具备明确的说明功能，可用于对游戏界面进行引导与提示。

例如，如左图所示的游戏界面以图像结合文字的方式清晰地说明了游戏的操作方法。由于此时文字主要起说明性作用，而且处于辅助地位，因此不必采用过多的装饰效果，而是被平铺直叙式地放置在界面中。

当然，我们还可以进行更多尝试，采用不同的表现方式来运用文字的说明功能。

除了平铺直叙式的表现方式以外，有时我们还可以添加标记性文字去引导用户。下图为两个游戏关卡按钮，为了提示用户游戏关卡的新旧属性，我们可以给按钮添加适当的文字说明，例如，添加"最新"的标记性文字。

方式一：平铺式

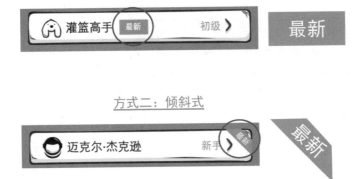

方式二：倾斜式

对比上图的两种方式不难发现，方式一的表现方式显得中规中矩，而方式二的表现方式则显得较为新颖，将文字倾斜并搭配适当形状的色块，就像给游戏关卡贴上了一张提示标签，这样的表现方式能更加突出文字的标记说明感。

而如果游戏界面中出现多个代表不同属性的标记性文字，为了让这些文字说明的区别更加明显，可以做出相应的改变，如下图所示。

多个代表不同属性的标记性文字

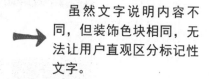

虽然文字说明内容不同，但装饰色块相同，无法让用户直观区分标记性文字。

改变装饰色块的色彩，区分效果更加明显。

不同属性的标记性文字拥有不同的色彩装饰，引导效果一目了然。

▲ "么么答"游戏选题界面

 法则小结

以贴标签的方式呈现标记性文字，能让文字更富有表现力。当然，内容不同的标记性文字也需要有不同的装饰外表，以产生明显的区分效果。

法则二　添加必要的进度提醒文字

　　文字的表意性功能还可以被用来给游戏添加必要的进度提醒，让用户更加明确游戏的完成情况。先来看看下面这个签到进度图。进度图中并没有用文字说明签到的具体天数，用户只有通过"到"的标志来识别具体的签到天数，然而这样的方式会让用户遇到问题，如下图所示。

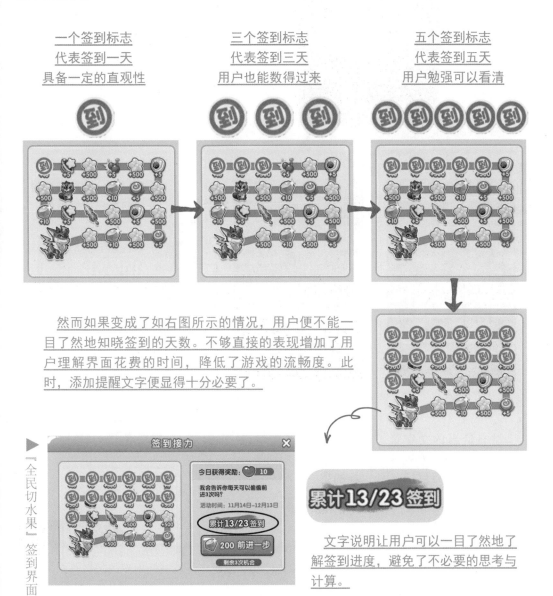

一个签到标志
代表签到一天
具备一定的直观性

三个签到标志
代表签到三天
用户也能数得过来

五个签到标志
代表签到五天
用户勉强可以看清

　　然而如果变成了如右图所示的情况，用户便不能一目了然地知晓签到的天数。不够直接的表现增加了用户理解界面花费的时间，降低了游戏的流畅度。此时，添加提醒文字便显得十分必要了。

"全民切水果"签到界面

累计13/23签到

　　文字说明让用户可以一目了然地了解签到进度，避免了不必要的思考与计算。

131

游戏开始界面

游戏目标
分数

在游戏过程中，必要的提醒文字也能帮助用户记忆游戏进度。如左图所示，在游戏的开始会出现游戏的目标分数，这个分数是用户需要记忆的，只有记住这个分数，用户才能在游戏过程中将当前所得分数与其进行对比，从而明确完成目标的进度。

然而用户的记忆力是有限的，在游戏进行过程的界面中如果不添加适当的文字去说明目标分数和已获得分数，那么用户可能会无法判断是否达成了游戏目标。

游戏进行过程中

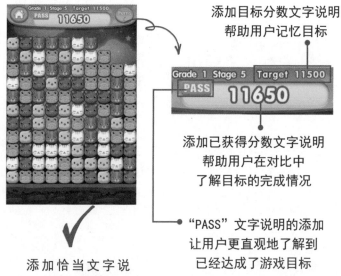

添加目标分数文字说明
帮助用户记忆目标

添加已获得分数文字说明
帮助用户在对比中
了解目标的完成情况

"PASS"文字说明的添加
让用户更直观地了解到
已经达成了游戏目标

没有恰当的文字说明，用户无法直观判断是否达成了游戏目标。

添加恰当文字说明，帮助用户判断目标的完成情况。

法则小结

在游戏界面中添加必要的游戏目标和进度文字说明，可以减轻用户的记忆负担，让用户心无旁骛地进行娱乐。

法则三　用动态文字引起用户关注

在手机游戏界面中，文字也是可以动起来的。有时为了让文字的提示效果更加明显，可以将静态的文字转换为动态的，通过动静对比引起用户的关注，如下图所示。

有提示文字的界面　　无提示文字的界面

通过对比不难发现，相对于没有提示文字的界面而言，在有提示文字的界面中，我们更容易注意到"好友信件"这个游戏图标按钮。

而此时，如果让"您收到了新消息"的文字动起来，那么该按钮会变得更加引人注目。

「开心消消乐」游戏选关界面

提示文字左右移动形成了动态感

相对于一成不变的静态提示文字而言，简单的位置移动能让文字形成动态感，动态感同时也带来了跳跃与闪烁的视觉体验，它能让提示文字在整个游戏界面的静态环境中显得更加突出。

除了利用文字在界面中的位置移动来营造文字的动态感以外，动态文字还可以呈现如右图所示的状态。

在右图的界面中，相对于只使用静态文字说明新敌人出现时间的表现方式而言，采用倒计时式的动态文字表现时间的流逝，更能引起用户的注意，同时让用户能精确地掌握新敌人的出现时间。

静态文字说明　　动态文字说明

「疯狂游戏厅」游戏界面

法则小结

在游戏界面中添加动态文字，能形成一种跳跃与闪烁的视觉效果，这样的效果在静态的界面环境中，会显得更加突出与引人注目。

7.2 利用文字的装饰性传情达意

如前文所述，文字是具备装饰性的，而文字的装饰性主要来源于文字的造型，即文字的字体。

文字是人类用来记录语言的符号，不同的国家与地区会形成不同的语言与文字，而对于我国而言，汉字与拉丁字母是较为常见的文字符号。

汉字文字符号 　　　　　　　 拉丁字母符号

文字　　　FONT

不同的文字符号有着不尽相同的表现形式与专属于该文字符号体系的特定组织结构，这些结构可以被看成是文字符号的基本造型框架。

文字符号的基本框架结构由点、线、面组成，它们是不能被随意拆分与打乱的，否则文字符号便可能失去原有的表意作用。但在维持基本框架的基础上，却可以对点、线、面进行适当变化与修饰，这便形成了字体。

汉字文字符号 　　　　　　　　　　　　　　　 拉丁字母符号

黑体 　　　　　　　　　　　　　　　　　　　 Arial字体

文字 ← 点线面粗细均衡 横平竖直 方方正正 → FONT

宋体 　　　　　　　　　　　　　　　 Times New Roman字体

文字 ← 点线面富有粗细变化 具有抑扬顿挫 的节奏感 → FONT

如上图所示，不同的字体在表现形式上存在着微妙的差异，但文字符号的基本框架结构却维持不变。同时，差异也形成了不同字体的表现特点，仔细观察这些字体，表现特点的不同是否也让你产生了不一样的视觉与情感感受呢？

黑体　　　　　　　　　Arial字体

文字 → FONT → 看起来中规中矩
显得较为严谨

宋体　　　　　　　　　Times New Roman字体

文字 → FONT → 看起来富含变化
显得精致而细腻

　　的确，如上图所示，文字符号不同的字体能传达出不同的情感，它会给观者带来不同的视觉体验与情感感受。在进行手机游戏的视觉设计时，也需要注意把握这样的情感变化，为游戏界面选择符合游戏情景的字体，从而让视觉设计显得更加完整。

法则一　文字字体的情感表达要符合游戏情景

　　在手机游戏界面中，通常情况下所使用的文字都具有引导用户进行游戏操作、提示用户游戏结果的作用。在为这些文字选择字体时，应该尽量选择具有高识别度的字体，过于生僻的字体只会阻碍用户对于文字的理解，如下图所示。

识别度过低的字体　　　　　　　高识别度的常见字体
用户难以读懂　　　　　　　　　用户一眼便能读懂

▲ "疯狂游戏厅" 游戏界面

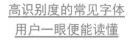

　　然而识别度较高的字体也较多，左边的字体都是较为常见的字体，那么该如何选择呢？这其中也有着一定的法则。

首先来看看这些常见的字体，这些字体有着不同的视觉特点，而这些特点又让它们拥有了不同的情感表现，如下图所示。

字体名称	字体外观	视觉特点	情感表现
宋体	胜利	笔画具有抑扬顿挫的粗细变化	优雅细腻
黑体	胜利	笔画粗细匀称笔直方正	刚正不阿朴实无华
幼圆	胜利	笔画无棱无角圆滑而敦厚	圆润可爱
华文行楷	胜利	笔画连接流畅下笔刚健有力	悠远洒脱
方正喵呜体	胜利	笔画自由随意显得灵活生动	亲切随性
长城新艺体	胜利	笔画厚实粗壮连接整齐规范	工整有力

如何在游戏界面中恰当地运用这些拥有不同视觉特点与情感表现的字体呢？下面以"疯狂游戏厅"为例进行分析。"疯狂游戏厅"是一款格斗类手机游戏，围绕这一游戏主题，打斗与对战成为了主要的表现对象，格斗的力量与刚强感也成为了游戏视觉设计要着力营造的情景与气氛，因此，游戏界面中的文字字体也需要具有一定的力量感。

选择较为圆润的字体？ | 还是抑扬顿挫的字体？ | 还是较为方正粗壮的字体？

对比上述字体不难发现，圆滑的字体显得圆润可爱，与游戏整体要突显的力量感不吻合，抑扬顿挫的字体具有优雅细腻的感官体验，也不符合游戏的整体设定，相比之下，方正而粗壮的字体则能产生一种有力的情感表现，正符合游戏的主题情景，因此，在"疯狂游戏厅"的游戏界面中可以选择方正而粗壮的字体去突显游戏的整体情景。

下面再通过几个游戏实例看看这一法则的具体运用。

<u>这两个游戏都拥有可爱的主题风格设定</u>
<u>因此界面中使用了圆润而可爱的字体</u>

▲ "全民切水果"游戏通知界面　　　　▲ "找茬大冒险"按钮说明界面

<u>呈现水墨画风与历史感的游戏</u>　　　　　<u>像素风的游戏</u>
<u>选择了具有悠远洒脱感的字体</u>　　　　<u>其字体也被相应像素化</u>

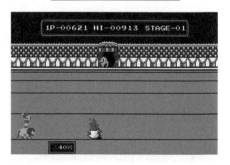

▲ "影之刃"游戏界面　　　　　　　▲ "街机马戏团"游戏界面

法则小结

选择字体时除了要注意识别度外，还要把握字体的情感表现，选择贴合游戏风格设定的字体，这样能让游戏的主题与情景表现进一步渗透到游戏的视觉设计之中，从而增强用户玩游戏时的代入感。

法则二　文字的排列方向也能酝酿情绪

不仅文字字体具有不同的情感表现，文字的排列方向有时也能形成不同的情感体验。通常我们将文字的排列方向分为水平与垂直两种，也就是如下所示的横向与纵向两种方式。

文字的横向（水平）排列　　　　文字的纵向（垂直）排列

书山有路勤为径，
学海无涯苦作舟。

学海无涯苦作舟。　书山有路勤为径，

较为常见
具有现代气息

符合古代人的阅读习惯
具有历史感

横向排列更加符合现代人的阅读习惯，而相比之下，纵向排列的文字则容易让我们联想到古代的书籍，因而也较容易产生悠远的历史感。我们可以将这样的情感体验延续到手机游戏界面的设计中。

文字横向排列的界面　　　　　　　文字纵向排列的界面

▲"影之刃"游戏选关界面

如上图所示，界面背景充满了古香古色的韵味，此时，相对于横向排列的文字而言，纵向排列的文字所带来的历史感与悠远感更加符合游戏界面的整体意境与气氛。

法则小结

　　在手机游戏界面中，横向排列的文字最为常见，这样的方式较符合现代人的阅读习惯，而有时为了营造游戏界面的氛围，我们也可以选择纵向的文字排列方式。

7.3　文字的变化营造层次感和节奏感

不仅文字的字体和排列方式能传情达意，文字的笔画粗细、颜色及透明度的变化也能营造出层次感和节奏感，从而丰富界面的表现力，让文字信息主次分明。

法则一　调控笔画粗细让文字主次分明

观察如下所示的几种字体，一眼望去，相信大多数人的目光会在第一时间被第三种字体所吸引。这是因为，相比之下，第三种字体的笔画最粗，因此能带来更加显眼的视觉感受。

最为引人注目的字体

通过这个例子我们可以知道，不同字体的笔画粗细也不同，而其中拥有较粗笔画的字体最能引来关注。有时我们还可以通过增添描边的方式加粗一种字体原本较细的笔画，如下图所示。

胜利 → 胜利 → 胜利

无描边的字体　　　　添加描边后　　　　描边最粗
显得较为低调与单薄　文字变得显眼　　　最为引人注目

上图中的文字都采用了同一种字体，然而文字引人注目的程度却大不相同。与没有描边的文字相比，随着描边的逐步加粗，文字也变得越来越引人注目。

字体的这一特点也可以被用在手机游戏界面的设计中。在游戏界面中，需要突出的重点文字可以选用笔画较粗的字体或采用添加描边加粗的方式吸引用户的关注，反之，则使用笔画较细的字体，如下图所示。

▶ 『找茬大冒险』按钮说明界面

有描边加粗的文字

按钮功能说明文字
主要说明文字可加粗强调

　　界面中对说明按钮功能的文字统一使用了描边加粗的表现方式，这样不仅与按钮图形的装饰相对应——都具有描边装饰，同时也起到了强调与引人注目的作用。

无描边的文字

辅助说明文字
非主要文字无需加粗

　　相比之下，无描边的文字则显得不那么突出与醒目。这些文字是辅助说明文字，因此其显眼程度可以次于按钮功能说明文字。

✏ 法则小结

　　在游戏界面中将笔画粗细不同的字体搭配使用，能让整个界面呈现出层次感，帮助用户在第一时间关注重要的文字信息。

　　可以选择本身笔画就较粗的字体，也可以通过描边加粗笔画，当然，描边的颜色可以根据界面所需进行灵活选择，如右图所示。

按钮 — 按钮 黄色描边
　　　　按钮 红色描边
　　　　按钮 绿色描边

法则二　字体颜色的交替让界面更加生动

在进行游戏视觉设计时使用多种颜色的文字，让它们有序地穿插在界面之中，能让界面产生变化的节奏感，如下所示。

无字体颜色变化的
游戏界面

字体颜色有变化且交替出现的游戏界面

『果冻消消乐』游戏操作说明界面

只有一种颜色的说明文字显得单调，不能突出重点。

使用两种字体颜色能突出表现重要的说明文字，同时颜色的变化也让说明文字部分显得更加活泼生动。

但要注意的是，字体颜色的安排不能破坏文字表意的连续性。例如，右图中的游戏操作说明文字想要告诉用户需要将4个紫色果冻连在一起，其中"紫色果冻"为需要重点突出的文字，因此可以使用不同的颜色将它们与其他文字区分开来。

这里，"紫色果冻"是一个表意连续的短语，它代表了游戏中的一个元素，此时，如果对这4个字使用两种不同的颜色，用户可能会在一瞬间误认为这是两个不同的重要元素，所以才采用了不同的颜色去区分，其实没必要给用户造成这样的误解。

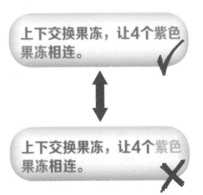

字体的颜色也不宜随意增加。如下图所示，不仅过多的字体颜色会让用户感到眼花缭乱，而且毫无规律的字体颜色穿插也破坏了节奏感。这样的表现方式只会让界面显得过于花哨，并不利于用户阅读与理解文字信息。

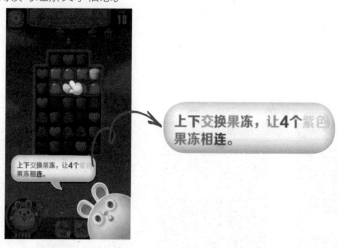

再来看看下图中的界面，为迎合游戏整体色彩丰富的风格设定，界面中的文字也使用了多种颜色，却并不显得杂乱无章，反而增添了界面的生动表现力，这是因为文字颜色的添加与穿插具有一定的节奏感，且没有破坏文字表意的连续性，所以界面并不显得花哨，反而能突出重点信息。

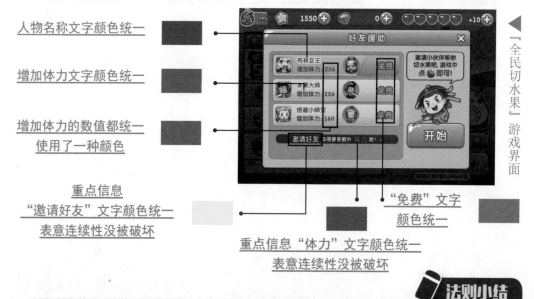

人物名称文字颜色统一

增加体力文字颜色统一

增加体力的数值都统一
使用了一种颜色

重点信息
"邀请好友"文字颜色统一
表意连续性没被破坏

重点信息"体力"文字颜色统一
表意连续性没被破坏

"免费"文字
颜色统一

『全民切水果』游戏界面

法则小结

界面中文字颜色有节奏且不破坏表意连续性的穿插变化，不仅能便于用户对文字信息的阅读与理解，而且也能让界面拥有更加丰富与有趣的表现力。

法则三　文字的透明度变化也能产生节奏感

通过调节文字的透明度也能让界面中的文字产生节奏感。例如，观察如下图所示界面中提示文字的变化。

游戏开始界面

透过提示文字能看到界面背景
文字具备透明感

搭建好第一层楼房

提示文字透明度提高
文字变浅

搭建好第三层楼房

提示文字透明度再次提高
文字进一步变浅

搭建好第五层楼房

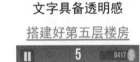

提示文字透明度继续提高
文字变得更浅

搭建好第六层楼房

提示文字透明度几乎升到最高
文字已经几乎看不见

搭建好第七层楼房

游戏进行到一定程度
提示文字消失

【The Tower】游戏界面

法则小结

　　在游戏界面中，文字透明度的适当变化也能产生一种节奏感。在游戏的前期，说明文字较为重要，因此透明度较低，当用户逐渐掌握游戏操作要领后，说明文字不再重要，其透明度便随之升高并最终消失。

7.4 文字还能变得更美

在手机游戏界面使用常见且具有较高识别度的字体，是提高界面友好度的基本要求。然而有时也可以在此基础上对界面中的字体加以设计与装饰，这也是美化界面或突显游戏信息的一种手段。

法则一   "画"出文字与游戏的关联感

一本书通常会拥有书名文字与正文文字，其中书名是读者了解书籍的关键要素，因此，封面上的书名文字通常会经过一番精心设计与包装，而其装饰不能脱离书的内容。文字美化设计的方法多种多样，下面列举了几种较为常见的设计与变形手法。

① 让文字拥有肌理

文字的肌理就像是文字的皮肤与外衣，如左图所示，给文字添加适当的肌理表现能使文字更具质感。

② 文字结构的变化

分割   合并   形变

③ 将文字与图形结合起来

选择与文字表意相关的图形与文字相结合，可以增加文字的装饰感与表现力，如左图所示。

通过对本书第2章的学习我们知道，游戏是存在一个大环境的，在这个大环境中，通常在进入游戏的"正文"开始游戏之前，会出现一个游戏的主界面，如下图所示。因此，手机游戏界面中的文字也如同书籍一般，有着游戏名文字与游戏"正文"文字之分。

游戏主界面　　　　　　　　游戏的"正文"——各种娱乐界面

『全民切水果』游戏界面

游戏主界面相当于书的封面，必须能够快速带领用户融入游戏的情景，显示在游戏主界面上的游戏名文字则相当于书名文字，也必须结合游戏的情景和风格设定进行美化设计。

如下图所示的三款游戏，其游戏主界面中的游戏名文字在设计时就注重寻找与游戏或者与文字表意相关的视觉元素，将它们恰当地"画"到文字之中，不仅让游戏名文字更具表现力，显得栩栩如生，同时也在一定程度上烘托出了游戏的环境与主题。

"全民切水果"的游戏风格设定较为可爱活泼，因此游戏名文字也选择了圆润的字体，并使用了与水果相关的叶子、水珠等图形元素进行装饰。

"节奏大师"游戏名文字的字体设计除了使用连笔的形变手法外，还根据游戏的音乐属性加入了音符元素。

"植物"用叶子图形装饰

草地作为游戏中的情景被添加在了游戏名文字设计中

"僵尸"二字被赋予石头的材质肌理，与游戏中的墓碑元素相呼应

相对而言，游戏的"正文"界面就如同书籍的内页一般，其中的文字主要是对游戏情节的叙述与功能的指引，因此，这些界面中的文字设计可以较为普通，不必像游戏名文字那样进行过多修饰，但也可以根据具体情况在界面的特定位置添加一些具有设计感的文字，以起到引起用户关注的作用，如下图所示。

界面中大部分字体未经变形，"PK对战"则进行了倾斜处理，以突出对战的速度感与紧张感。

　　游戏界面中的文字美化设计可以通过各种与游戏设定相关的图形元素的运用，建立文字与游戏的关联感，为烘托游戏的整体情景服务。

法则二　使用特效让文字更具质感

　　除了用与游戏内容相关的视觉元素美化文字之外，还可以通过添加特效对文字进行修饰，使文字变得更具质感。如下图所示为常见的文字特效。

给文字添加底色特效，能让文字看起来更加饱满。

添加了投影效果的文字看起来更加具有立体感。

给文字添加适当的高光装饰，能让文字具备一定的光滑质感。

　　在游戏界面中便可以使用上述方式为界面中的文字添加特效，如下图所示的游戏界面即为一个典型的例子。

▶『开心消消乐』游戏主界面

高光的添加让文字圆润可爱的特点更加明显

添加底色能让文字在界面中更加显眼，丰富了文字的表现形式

投影效果的添加让文字更具有立体感，进一步突显了文字立体的圆滑感

法则小结

　　特效装饰可以让界面中的文字更具质感与表现力，也能进一步丰富游戏界面的视觉效果。

7.5 文字尺寸大小也很重要

文字除了具备前文所述的字体、颜色等属性外，还具有尺寸大小的属性，这一属性也可以被运用在手机游戏的视觉设计之中。

法则一 文字再小也要清晰可读

在游戏的界面中总会出现一些不那么重要的文字，这些文字的尺寸通常较小，如下图所示。即便如此，我们在设计时也不能忽视这些文字的可读性，一味缩小这些文字的尺寸只会使它们无法被用户察觉，如下图所示。

界面中的说明文字作为次要信息，可以适当地缩小，但却不宜过小，过小的尺寸只会让文字失去可读性。

界面中一些不太重要的按钮通常尺寸较小，其中的按钮说明文字也会随之变小，需要注意保持这些文字的可读性，否则用户无法认知按钮的功能。

文字尺寸适当，便于用户阅读

按钮文字大小适当，用户能了解按钮功能

▲ "节奏大师"选择道具界面

▲ "疯狂游戏厅"游戏界面

文字尺寸过小
影响用户阅读

按钮文字过小
不便于识别

法则小结

游戏界面中会出现一些不太重要因而尺寸较小的文字，需要注意的是，这些文字即使再不重要也有其存在的价值，因此其尺寸也不宜过小，以免影响阅读。

法则二　　文字可以大却不能超越界面或屏幕

　　文字的尺寸可以较小却需要保证清晰易读，同样的道理，文字的尺寸可以大，但也需要考虑到手机游戏界面的尺寸限制，文字的尺寸不能大于手机游戏界面的尺寸，否则游戏界面无法完整地呈现文字信息，如下图所示。

<u>文字尺寸过大导致其无法完全显示在界面中</u>
影响了界面信息的传达
也不能给用户带来良好的阅读体验

<u>相比之下，调整文字尺寸后</u>
游戏界面在完整表达信息的同时也显得更为精细

　　大尺寸文字在界面中显得更具视觉冲击力也更能引人注目，但却需要注意与界面及手机屏幕尺寸匹配，否则"残缺不全"的显示效果只会降低游戏界面的质量，给用户留下一种制作粗糙的印象。

法则三　文字大小对比可以表现主次关系

　　游戏界面中文字的大小尺寸也与信息的主次关系有关。次要信息的文字可以大，却不能比主要信息的文字大，否则会显得喧宾夺主。例如，当需要告知用户"你已经获得游戏胜利"这一游戏结果时，文字尺寸的主次关系应该如下图所示。

游戏结果的辅助说明文字

你已经获得游戏

游戏结果的主要说明文字

胜利

辅助说明文字尺寸过大，抢了主要说明文字的"风头"。

你已经获得游戏
胜利 ✗

你已经获得游戏
胜利 ✗

辅助说明文字虽未超越主要说明文字的视觉地位，但其较大的尺寸仍显得较抢眼。

你已经获得游戏
胜利 ✓

文字尺寸最佳搭配

　　下面通过分析几个游戏界面的实例看看文字尺寸的主次关系设计。

▶「全民炫舞」登录奖励界面

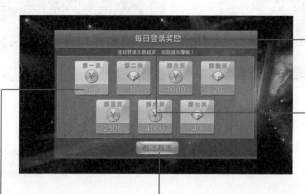

告知用户界面功能的文字
相当于文章的标题
其文字尺寸也需较大

对登录领奖进行的辅助说明
与正在领取的奖励
没有非常直接的联系
为次要信息
因此其文字尺寸可以较小

关键说明文字拥有较大尺寸
才能引起用户关注
让用户感知到领取的奖品

领取奖励的重要按钮
因此其中的文字尺寸较大
显得较为突出

游戏操作主要
说明文字

游戏操作辅助
说明文字

尺寸过大的辅助
说明文字

在上图的游戏操作说明界面中，需要突出的文字为讲解游戏操作的主要说明文字，如果辅助说明文字的尺寸大于主要说明文字的尺寸，会使其变得过于引人注目，从而分散了用户对主要说明文字的注意力。

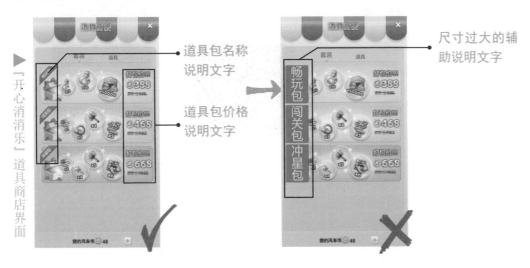

道具包名称
说明文字

道具包价格
说明文字

尺寸过大的辅
助说明文字

在上图的道具商店界面中，相对于道具包名称而言，在选购道具时，用户更加关注道具包的价格与内容，因此需要突出的并非道具包名称说明文字。

以上实例均说明了游戏界面中的文字信息，要根据其在界面中的重要程度进行尺寸大小的调节，从而形成具有层级与变化感的视觉表现。

下面将要分析的游戏界面实例也同样运用了这样的表现方法，只不过它的运用更为巧妙。相对于将界面中较大尺寸的主要文字与较小尺寸的次要文字等尺寸不等的文字信息以平铺的方式呈现在用户面前，下面的例子则利用了隐藏与分割且对应相关文字尺寸的方式，来体现文字信息的主次关系。

点击"街机+"按钮前　　点击"街机+"按钮后

▶『别踩白块儿』选关界面

经典	街机
禅	极速
接力	街机+
排行榜	更多

经典	街机
禅	极速
接力	地雷
	闪电
	双黑
排行榜	更多

在左图的游戏界面中，点击"街机+"关卡按钮后，游戏界面没有发生变化，而是在该按钮之上展现了"地雷""闪电""双黑"三个色块分区。

也就是说，在点击"街机+"按钮之前，"地雷""闪电""双黑"这三个选项是被隐藏在了"街机+"按钮之中的。

这样的设计能让用户清楚地意识到这三个选项是从属于"街机+"选项之下的。

将游戏总关卡按钮分块，每块所占面积必然小于游戏总关卡按钮的面积，从面积大小的分布情况我们便可以看出总关卡按钮与分块按钮之间的层级关系。而"隐藏"与"点击展开"的显示方式也进一步明确了这种层级的从属关系。

按钮间的上下级关系，也使得按钮的说明文字有了对应的层级之分，因而此时这些文字的尺寸也需要进行相应调整，以使按钮间的层级关系更加明确，如右图所示。

游戏总关卡

游戏总关卡下的三种游戏模式

街机+

地雷
闪电
双黑

总关卡说明文字具有标题感其文字尺寸可以较大

属于"街机+"层级之下的按钮其说明文字的尺寸也相对较小进一步说明了按钮间的层级关系

 法则小结

通过控制游戏界面中文字的尺寸大小，可以让界面的文字信息形成具有层级变化与主次之分的视觉感受，而这些大小不一的文字也可以有不同的展示方式，除了将它们平铺展现在游戏界面中以外，还可以利用分块与隐藏的设计去体现与加强文字信息的层级关系。

第8章

手机游戏选关界面与操作说明设计

◆ 了解游戏选关界面与操作说明

◆ 能设计手机游戏选关界面的布局

◆ 能设计符合手机游戏设定且简洁易懂的游戏操作说明

8.1 手机游戏选关界面布局设计

大多数手机游戏都会涉及关卡的设计，通常情况下，设计师会设计出难度等级不同的关卡，让用户体验更多的游戏乐趣。而用户如何进入这些关卡进行游戏呢？这又涉及手机游戏界面的一个重要组成部分——选关界面的设计。

将进入不同关卡的渠道与大门统一在一个游戏界面之中，便形成了游戏的选关界面。选关界面相当于游戏整体框架的展示，它有序地整理、摆放了不同关卡的入口，形成了用户认识和开始游戏的起点与引导，如下图所示。

不同游戏的选关界面

关卡按钮
点击便可进入对应关卡

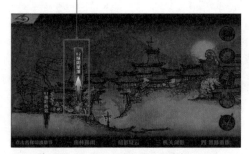

▲"影之刃"选关界面

▲"保卫萝卜2"选关界面

关卡按钮

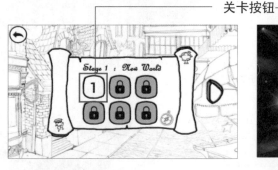

▲"奇怪的大冒险"选关界面

▲"全民炫舞"选关界面

选关界面中关卡入口众多，如何合理摆放这些关卡入口就成了一个问题。在手机游戏视觉设计中，选关界面也有着不同的布局形式与设计要点。

法则一　井井有条的网格式布局

关卡入口在游戏界面中需要通过具体的视觉元素去呈现，这便形成了关卡按钮，选关界面也基本上都是由这些不同的关卡按钮排列组合而成的。

上页中的四个游戏选关界面根据游戏设计的具体需要，在视觉上呈现出了不同的表现形式，但其中关卡按钮的布局却有着固定的设计模式，其中一种便是网格式布局，如下图所示。

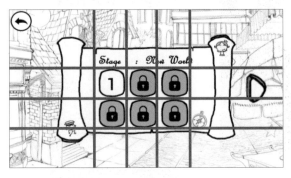

▲ "奇怪的大冒险"选关界面

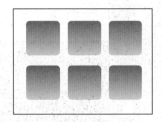

关卡按钮呈块状分布
整齐排列在选关界面中
形成了网格式布局

网格式布局整齐有序地摆放关卡按钮，能给用户带来井井有条、整齐划一的视觉感受及便利快捷的选关体验。然而需要注意的是网格式布局中关卡按钮的排列顺序与走向问题，除非是特殊游戏环境的要求，否则，网格式布局中关卡按钮的排列与分布也需要符合用户的常规阅读习惯，如下图所示。

关卡按钮先从左到右、再从上到下排列
符合大部分用户的阅读习惯
用户可以毫无障碍地轻松选择关卡

关卡按钮先从上到下、再从左到右排列
违背了大部分用户的阅读习惯
用户容易感到别扭

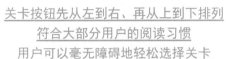
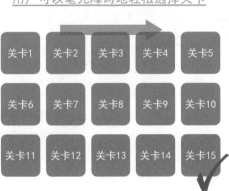
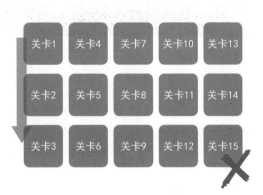

通常情况下，用户都习惯于先从左到右再从上到下的阅读顺序。不论游戏界面采用横屏还是竖屏的显示方式，都要尽可能迎合这样的阅读习惯，这样才能更加方便用户对游戏进行操作，如下图所示。

横屏中从上到下
的网格式布局方式

竖屏中从上到下
的网格式布局方式

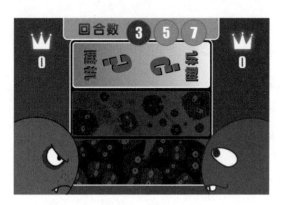

▲ "Virus Vs. Virus" 选关界面

◀『双色物语』选关界面

横屏中先从左到右再从上到下
的网格式布局方式

竖屏中先从左到右再从上到下
的网格式布局方式

▲ "愤怒的小鸟" 选关界面

◀『鳄鱼小顽皮爱洗澡』选关界面

法则小结

在选关界面中，采用网格式布局能让整个界面产生整齐划一的统一感和规范感，同时结合用户阅读习惯的关卡按钮安排，能减少用户思考与浏览界面的时间，让用户更为直截了当地选择所需关卡。

法则二　具有表现力的隐喻式布局

　　网格式布局虽然规整，却显得较为呆板，不能带来灵活生动的视觉活力感，与之相比，下图右边的游戏选关界面布局则显得多变与丰富。其关卡按钮呈曲线状分布，每完成一个关卡后，该关卡按钮便会被点亮，然后可进入之后关卡的游戏中。这种依次排列的布局就像是一步步的操作流程，因此也被称为流程式布局。

　　图中的进一步分析也说明，不论选关界面采用哪种布局形式，其关键在于引导的主"线"。有了主"线"的牵引与规范，关卡按钮便有了排列的依据，能在视觉上呈现出排列的规律。

网格式布局
稍显呆板

流程式布局
显得丰富灵活

『果冻消消乐』选关界面

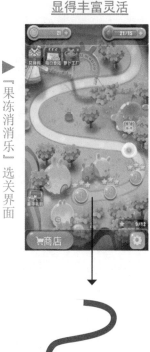

无形的网格框出了关卡
按钮排列的主"线"

界面中的道路是串联
关卡按钮的主"线"

157

网格式布局的主"线"是无形的网格，在设计上没有太多变化的可能性，而流程式布局的主"线"则是一条灵活的曲线，可以根据游戏风格和情景做出丰富的变化，如上页中提到的"果冻消消乐"游戏选关界面，利用背景画面中的道路作为主"线"来串联关卡按钮。这其实是一种隐喻的表现手法，因而也被称为隐喻式布局。隐喻式布局其实就是利用符合游戏情景设定的比喻与装饰手法，让界面更富有视觉上的表现力与形式感，如下图所示。

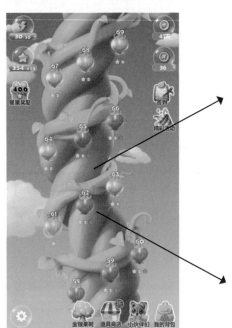

树藤隐喻
布局主"线"

果实隐喻
关卡按钮

"鳄鱼小顽皮爱洗澡2"游戏
与水有着密切关系
因此用水流隐喻关卡布局

"糖果传奇"游戏以糖果
作为游戏的主元素
因此用彩条糖果隐喻关卡布局

　　隐喻式布局能让整个界面充满装饰感与生动的表现力，然而需要注意的是，隐喻式布局中也不可缺少连接关卡按钮的主"线"，并且主"线"的比喻也需要符合游戏的整体情境。

8.2 手机游戏操作说明设计

在手机游戏界面中添加必要的游戏操作说明，是让用户认识并接受游戏的关键。复杂冗长的游戏操作说明可能会让用户失去耐心；语焉不详的游戏操作说明会让用户在困惑中对游戏望而却步；简洁易懂的游戏操作说明则能降低游戏的上手门槛，带领用户轻松快速地进入游戏世界，是让用户保持游戏兴趣的关键。下面便来看看游戏操作说明的相关设计法则。

法则一 图文结合，直观又清晰

构成游戏操作说明的常见视觉元素便是文字与图形，首先来看看如下所示的三个界面，其中都存在着游戏操作说明，对比之下，哪种形式的游戏操作说明是最简洁易懂的呢？相信大多数人会选择第三种方式。下面便来逐个分析。

大量文字	几乎只有图形	图文结合

如左图所示的游戏操作说明只有大量文字，这种形式有两方面缺陷：第一，用户或许可以理解文字叙述的内容，但没有图形的演示，用户无法直观地看到具体的操作方法；第二，有时过多的文字描述也会让用户失去阅读的耐心。

过多的文字可能会让说明不够直观，但若只使用图形进行说明，而不搭配适当的文字去描述图形的意义，那么对图形的理解就会变得模棱两可。

左图所示的界面中有两个图形说明部分，它们都被归纳在了"排列规则"的文字说明之下。我们可以理解上半部分的图形为排列规则，但却不能看出下半部分的图形有什么样的排列规则，实际上下半部分图形是特效范围说明，并非"排列规则"。

相比之下，适当采用了图文结合方式的游戏操作说明更加直观、清晰。如下图所示，每一组图形说明都配以对应的文字解释，既很好地利用了图形直观性强的优点，又通过简洁的文字避免了理解上的偏差。

第一组图文说明

爆炸特效的合成方式：

文字说明

对应

图形说明

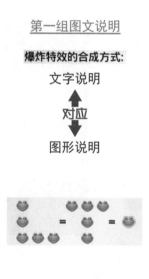

第二组图文说明

特效消除时的爆炸范围：

文字说明

对应

图形说明

 法则小结

图文结合、设计得当的游戏操作说明便于用户更迅速而直观地阅读与理解。

法则二　使用动态设计让用户印象深刻

　　除了采用图文结合的方式让游戏操作说明更为明晰以外，给游戏操作说明适当添加动态设计也是让其更加突出的设计手法。

　　例如，如下所示的游戏界面，背景内容较为丰富，可能会阻碍游戏操作说明部分的表现。不停上下运动的动态设计让游戏操作说明部分产生了闪烁与跳跃的视觉感受，相对于静态的游戏操作说明而言，更能引起用户的关注。

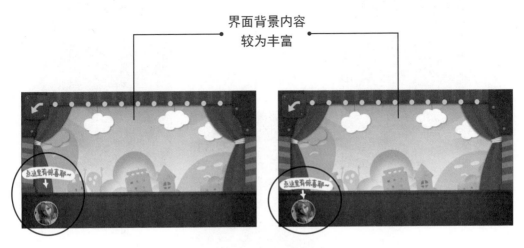

▲ "疯狂来往"游戏界面

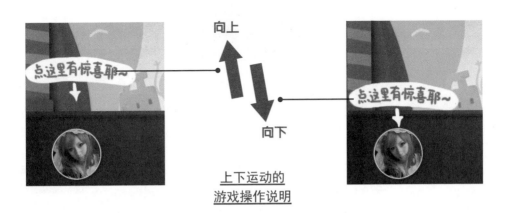

手机游戏视觉设计法则

如上一法则中所述，在游戏操作说明中会存在文字说明与图形说明两部分。添加动态设计时，文字说明与图形说明并不一定都要动起来，适当地安排能产生动静结合的视觉效果。如下图所示，图形的动态设计让用户在视觉上产生了直观的示范效应，结合静态的文字说明，更加生动与明晰地演示了游戏的操作方法，令人印象深刻。

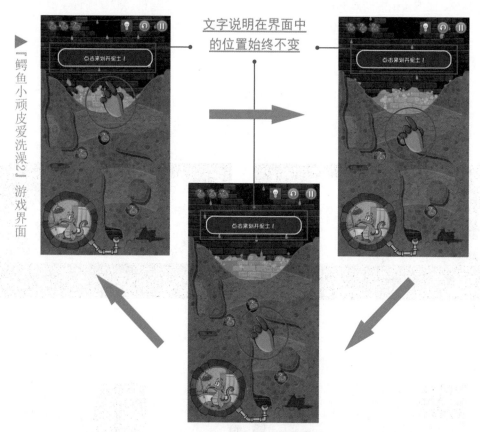

操作说明中的图形——鳄鱼手掌
从上到下做着循环运动（如红色圆圈圈出部分所示）

动态设计的添加可以让游戏操作说明在界面的动静对比中得到突出。同时，添加具有示范效果的动态设计，也能更为直观地演示游戏操作过程，给用户留下足够深刻的印象。

法则三　利用互动教学巩固学习效果

动态设计可以只是单纯演示游戏操作，就如同观看教学录像一般，也可以具备互动的操控体验，让用户不仅能观看，还能在实际的操作过程中亲身体会游戏操作方法。

例如，如下图所示的游戏操作说明界面就不仅有着动态的图文说明，还有着互动的操控体验。

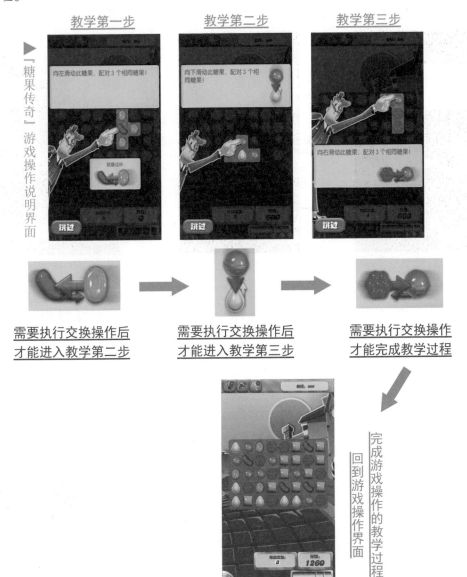

下面以上页图中的教学第二步界面为例，分析该游戏操作说明设计中的闪光点。如下图所示，在界面中不仅有操作的说明与动态的指引，用户还需要通过亲手操控去完成对游戏操作的学习。互动操控的添加不仅在视觉上对用户产生了足够的吸引力，也让用户能在实际操作中掌握游戏的操作方法。

图文结合且加入了动态设计
的游戏操作说明

进行交互操作后
实际游戏效果的展示

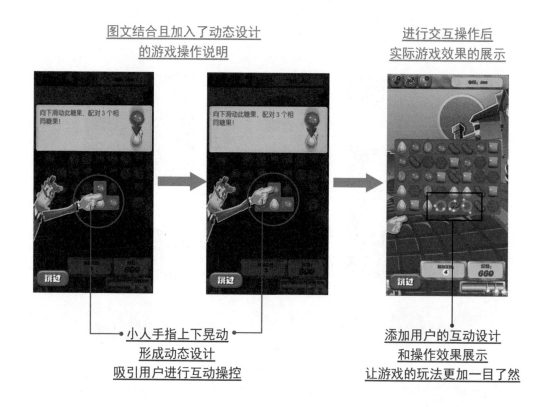

小人手指上下晃动
形成动态设计
吸引用户进行互动操控

添加用户的互动设计
和操作效果展示
让游戏的玩法更加一目了然

法则小结

在设计游戏操作说明部分时，在适当添加图文说明与动态设计的基础上，让动态升级，添加需要互动操控的设计，也是让用户学习游戏操作的一种不错的教学方式。

图文说明让用户从视觉上对游戏的操作有了初步的认识，而实际的互动操控则让用户在初步认识的基础上有了亲身体验，巩固了用户的学习效果。

通过前文的分析和讲解，我们掌握了一些游戏操作说明的设计方法，那么应如何在界面中安排和放置游戏操作说明呢？我们大致总结出以下三种方法，这三种方法既有区别也有相同点，如下图所示。

相同点

游戏的操控界面都是游戏操作说明的背景

　　以游戏操控界面作为背景是指此时界面中同时存在主体与背景两个部分，主体为游戏操作说明，游戏操控界面作为背景去配合或衬托游戏操作说明。而完成操作方法学习后，游戏操作说明便会消失，游戏操控界面便会变为界面的主体部分。

不同点

背景没有进行过处理	背景的明度降低 被完全弱化	背景被大部分弱化 却也有突出的重点信息
	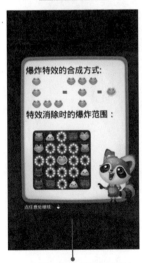	
游戏操作说明需要结合 游戏操控界面进行演示 因此背景保留了游戏操控 界面的原貌	背景整体的明度降低 完整地突出了 游戏操作说明	背景明度 降低　　　背景中突出 的重点信息 形成对比，指引用户 进行互动操控
适用于添加了动态设计的 游戏操作说明	适用于只有静态图文的 游戏操作说明	适用于拥有互动操控的 游戏操作说明

第9章

手机游戏界面中的
特效设计

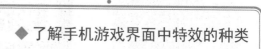

- ◆ 了解手机游戏界面中特效的种类

- ◆ 能根据不同目的为手机游戏界面
  添加特效

- ◆ 能适当运用手机游戏特效中常见
  的光效

　　手机游戏与其他类型的APP不同，对于手机游戏而言，仅确定游戏的外形及界面的风格是不够的，手机游戏有着自己的专属特点——在游戏的过程中，用户执行的每一步操作都可能会产生某种变化或结果，而为了让用户更加明确地看到这种变化或结果，游戏界面中便会出现对应的特效。

　　特效并不是长期存在于游戏界面中的固定元素，通常仅当游戏产生某些变化或结果时才会出现。特效是让用户能最直接感受到与游戏间互动的常见视觉表现手法。根据特效在游戏界面中分布位置的不同，主要可以将其分为场景特效、交互特效与技能特效，如下图所示。

▶『节奏大师』游戏界面

场景特效

　　当游戏进行到一定程度后，在原有的游戏场景中会出现金黄色特效，如左图所示，表示游戏进入了"super time"。

▶『全民炫舞』主界面

交互特效

　　给游戏界面中的交互元素添加特殊效果，能让其更加引人注目。左边界面中的某些图标按钮便添加了光感特效。

▶『全民切水果』游戏界面

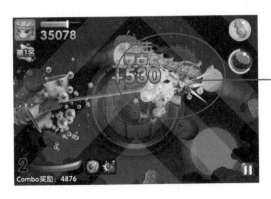

技能特效

　　游戏中的人物有着一定的技能，当其技能被释放后，游戏界面便形成了如左图所示的视觉表现，即代表了人物的技能正在释放的技能特效。

位于手机游戏界面中不同位置或是属于不同类型的游戏特效，会给用户带来不同的视觉感受，我们可以进行如下图所示的总结。

场景特效 — 　　场景特效主要用于表现与营造游戏的整体气氛，可以说场景特效是整个游戏环境的灵魂，它能通过视觉的呈现影响用户玩游戏时的情绪与感受。

交互特效 — 交互特效能在一定程度上起到引导用户的作用，特效的装饰能让游戏界面中的交互按钮等元素变得更加引人注目，能更好地引导用户进行游戏的操作。

技能特效 — 　　游戏中的人物或其他元素在释放技能时，如同使出"撒手锏"一般，通常会显得极具爆发力，因此游戏界面中的技能特效为了突出爆发感，也会设计得较为炫目华丽，从而给用户带来一种技能释放后酣畅淋漓的视觉体验。

　　了解了手机游戏中不同种类的游戏特效后，下面我们便来进一步学习这些特效的具体运用。

9.1 特效的应用

　　特效不仅能更加清晰地表现用户对游戏界面的操作结果，还能在一定程度上给游戏增添炫目的效果，从而带给用户更加丰富或震撼的视觉享受。很多时候，用户也可能因为对特效的喜爱而忠实于某款游戏。

　　因此可以说，游戏特效虽然不是每个游戏的必需品，但在特定时刻却是一种必要的添加，它能给游戏带来更富动感与质感的视觉体验，如下图所示。

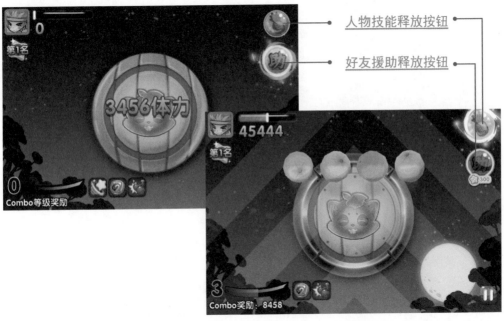

▲ "全民切水果" 游戏界面

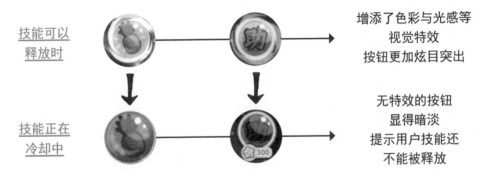

法则一　具有针对性的特效添加

通过前文的分析我们可以看到特效的添加对于手机游戏视觉表现的影响与重要性，那么应如何为手机游戏添加视觉特效呢？其中一种方法便是添加具有针对性的特效，如下图所示。

『天气爱消除』选关界面

在"天气爱消除"这款游戏中，构建游戏界面的主要视觉元素便是各种代表"天气"的图形——白云、雪花、太阳等。因此，游戏界面中使用的特效同样也可以与"天气"相关。

具有动感的闪烁特效

选中界面中的关卡时关卡按钮周围出现了闪烁的彩虹光芒特效这也与游戏整体的"天气"主题相吻合

游戏元素在消除时会形成消除特效

『天气爱消除』游戏界面

消除特效中采用了星星图形以及如同霜雾一般的白色圆点进行点缀这样的特效视觉表现与游戏整体的"天气"主题相吻合

再来看看"果冻消消乐"这款游戏，此时，构建游戏的主要视觉元素变成了"果冻"，这些视觉元素具有果冻的外形，也被赋予了如果冻般圆滑而有弹性的质感。因此，设计时也可以让特效"果冻"化。

『果冻消消乐』选关界面

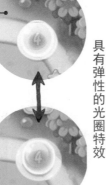

具有弹性的光圈特效

选中界面中的关卡时
出现了光圈特效将关卡按钮包围
光圈聚拢与散开的动态设计
就如同透明而有弹性的果冻
在来回晃动一般
迎合了游戏整体的"果冻"主题

游戏元素在消除时
会形成消除特效

『果冻消消乐』游戏界面

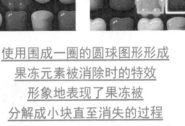

使用围成一圈的圆球图形形成
果冻元素被消除时的特效
形象地表现了果冻被
分解成小块直至消失的过程
使用的圆球图形也与游戏环境中
"果冻"圆滑的气质相吻合

法则小结

　　根据游戏界面中的视觉元素有针对性地设计和添加特效，能让特效与游戏整体风格更加协调。

法则二　特效表现要适度而精准

可能有人会认为，游戏特效需要拥有绚烂夺目的视觉表现，才能让游戏看起来更加华丽与大气。然而对于运行在手机上的游戏而言，过于华丽与丰富的游戏特效只会增加手机CPU和内存的负担，甚至影响游戏运行的流畅度，因此，游戏特效的使用也需要适度。

同时，某些手机游戏的设计风格也较为朴实，在这些游戏中添加特效的关键便不在于给用户带来华丽的视觉体验，而在于特效视觉表现的精准度。下面通过一个游戏实例来进行说明。

游戏简介　用户通过控制游戏界面中的飞机元素射击"小蜜蜂"，将"小蜜蜂"全部消灭完毕后可开启新一轮射击。

设计风格　游戏界面的视觉设计沿用了FC红白机的界面风格，形成了像素风的视觉表现。

游戏结果的表现方式　游戏通过爆炸特效表现游戏过程中飞机击中"小蜜蜂"或者飞机被"小蜜蜂"击中的游戏结果。

『小蜜蜂街机游戏』界面

炫目的爆炸特效

像素风爆炸特效

炫目的爆炸特效华丽而真实，却不能精准地融入游戏的情景之中。

像素风爆炸特效显得简陋粗糙，但却同样能精准地表现爆炸感，且与游戏的视觉设计风格相符。

视觉元素组合不当

像素风特效没有了炫目特效带来的爆炸真实感，此时便需要注意利用元素的精准组合去表现爆炸效果。

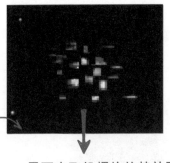

飞机爆炸的特效
表现不当
不能突出爆炸感

界面中飞机爆炸的特效同样使用了像素风的表现方式，但元素的不当组合只让飞机有了破碎感，却无法表现出爆炸的碎片四射感。

恰当的视觉元素组合

飞机爆炸的特效对真实的爆炸场景有较高的模拟度，红色元素代表飞机的一部分，也构成了不规整的圆圈，隐喻了爆炸时所形成的一团团烟雾，青色与白色元素则构成了爆炸时四散的飞机碎片。

即使代表爆炸的游戏特效没有华丽的视觉效果，但其表现方式也同样应该是对真实爆炸情景的高度模拟，这样才能更好地表现出爆炸感，如右图所示。

游戏中的飞机元素

飞机爆炸特效

法则小结

没有采用华丽的视觉设计风格的手机游戏也可以拥有特效，但此时特效的表现不能华丽而需要精准。没有了炫目表现的特效很可能失去真实感，此时就需要进行精准的模拟和恰当的组合。

法则三　特效添加要有节奏感

　　游戏的变化或结果并非随机出现，而是根据用户玩耍游戏的进度与成绩，到达一定的程度或阶段后才会产生，因此，随之出现的游戏特效不能毫无规则，也需要配合游戏所发生的这些变化或结果，富有节奏感地呈现在游戏界面中。

▶「极品飞车OL」游戏界面

游戏正常进行中

　　在比赛过程中，游戏界面中会随时出现各种特效，以说明赛车所处的状态，左图为正常行驶中的赛车。

游戏提示进行氮气加速操作

　　当比赛进行到某个阶段，或是赛车行驶到合适的路段时，可以通过释放氮气对赛车进行加速，如左图所示，此时，如何让用户感受到提速感呢？

执行氮气加速操作后

　　除了更加快速地"移动"游戏界面中道路两旁的景物外，使用特效能让用户在视觉上更加明确地感受氮气释放的过程，如左图所示。

　　一旦释放氮气，赛车尾部便会出现蓝光特效，氮气释放完毕后特效即消失。

如前文所述，在游戏过程中特效的出现与安排也需要有一定的节奏，而如果这样的节奏被破坏，特效则可能显得唐突而奇怪，如下图所示。

▶

『植物大战僵尸2』游戏界面

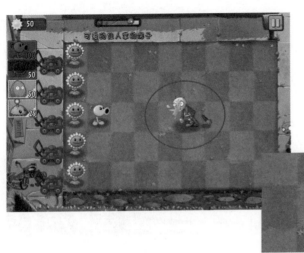

<u>僵尸被豌豆击中的特效</u>

豌豆射手的子弹在击中僵尸后会形成生动的撞击特效。

<u>如果特效变成了这样……</u>

豌豆还没击中僵尸便形成了被击碎的特效，特效的出现失去了节奏感，让用户感到费解。

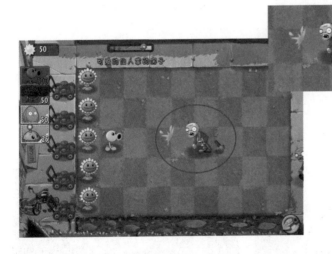

法则小结

　　特效的出现要具有一定的节奏感，需要与游戏的进行情况相吻合，否则，不合时宜或唐突出现的特效不仅不会给游戏界面增添视觉表现力，还会破坏游戏的情景表达，令用户感到费解。

法则四　利用线条表现速度动感

在设计中，适当添加线条元素可以为画面增加运动感与速度感。如下图所示，在给"冲刺"文字添加线条装饰后，文字向右的运动感增强；给小人添加线条装饰后，小人向前奔跑的运动感与速度感也更加明显。

没有线条装饰
动态与速度感不强烈

添加线条装饰后
动态与速度感非常明显

利用线条去体现运动与速度的表现方式也经常运用于绘画当中。如下图所示，线条装饰给画面增添了高速运动的气氛，相比之下，没有线条装饰的画面无法突显赛车的运动感。

无线条装饰的画面
缺少运动氛围

线条带来了动态感
营造了高速的赛车氛围

▲ "GO！GO！GO！RACER" 游戏界面

利用线条去表现运动与速度感，也可以成为一种手机游戏特效的表现方式应用在游戏界面中，如下图所示。

利用线状特效
表现运动感

　　被操控的赛车后面出现了线状特效，在视觉上为赛车增添了向前奔驰的动感。

『GO!GO!GO!RACER』游戏界面

利用线条堆积组成
特效外形表现加速感

　　当需要表现赛车处于加速状态时，可将一根根线条组合、堆积起来，所形成的特效能带来更为强烈的视觉冲击力，与正常行驶时的赛车特效形成对比，突出了赛车的加速感。

法则小结

　　游戏特效使用"线条"的表现形式，能在一定程度上反映视觉元素的运动、速度或加速感，给用户正确的游戏指引，同时在视觉上形成冲击力。

法则五　用特效包裹重要角色与元素

特效还能起到吸引用户关注的作用，因此，特效还常被用于包裹游戏中的重要角色与元素，如下图所示。

节奏大师
"开始闯关"按钮被具有
闪耀感的特效包裹
能第一时间引起用户的关注
让用户可以更快地开始游戏

影之刃
游戏角色被半透明的蓝色
光圈与箭头特效包裹
明确提示该角色
正被用户操控

豪宅之谜
使用具有强烈光感的特效
包裹游戏的重要角色——小女孩
所产生的视觉效果表明
该角色正在进行瞬间移动

保卫萝卜2
游戏中正在使用的萝卜角色
被光束特效包裹
而其他萝卜角色则没有特效
通过对比让用户明确正在使用的角色

天天飞车
采用蓝光特效包裹游戏中的
重要角色——被用户控制的赛车
突显了一种加速状态
同时也明确了加速对象

全民炫舞
游戏模式选项是界面中的重要元素
使用具有光感的特效包裹
这些游戏模式选项按钮
足以吸引用户的注意力

　　当然，在某些游戏中，这些包裹特效也可以有不同的表现方式。根据游戏进行的不同阶段，不同呈现方式的特效也可以表现游戏角色的不同状态。这些不同的特效表现不仅丰富了游戏界面的视觉表现力，也方便了用户对游戏进度的把握，如下图所示。

▲"龙之军队"游戏界面

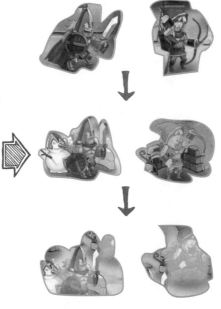

战斗中的战士

无特效

训练中的战士
被微弱的光效包裹

训练完成的战士
被更强烈的光效包裹
提示用户
战士已完成训练

正在训练的战士特效较弱

冰属性战士　　　风属性战士　　　电属性战士　　　火属性战士

战士训练完成后特效升级

蓝光特效　　　　绿光特效　　　　黄光特效　　　　红光特效

　　如上图所示，在"龙之军队"游戏中共有冰、风、电、火四种属性的战士，因此，可以根据战士的属性添加不同色彩的特效，同时，根据战士所处的状态，特效也呈现出不同的表现形式。特效不仅包裹了这些重要角色，也让这些角色的属性特点及所处的状态更加明确。

法则小结

　　用特效包裹游戏中的重要角色或元素可以引起用户的注意，同时特效的表现也可以根据重要角色的属性而做相应的变化，从而起到提示作用。

9.2 光效的应用

在众多的游戏特效表现方式中，有一种表现方式最为常见，也最能营造炫目感，那便是光感特效，简称光效。下面就来详细了解手机游戏界面中常见的光效应用。

法则一 利用描边产生光效

在"开心消消乐"游戏中，当以某种特定方式排列动物元素时，便会生成新的带特效的动物元素，如直线特效和爆炸特效。为了让带特效的动物元素区别于一般的动物元素，同时区分出带不同功能特效的动物元素，可以给这些动物元素增添特效装饰。例如，下面的界面中便通过对动物元素进行描边的方式，展示了黄光与白光两种特效，这便是一种光效的表现手法。

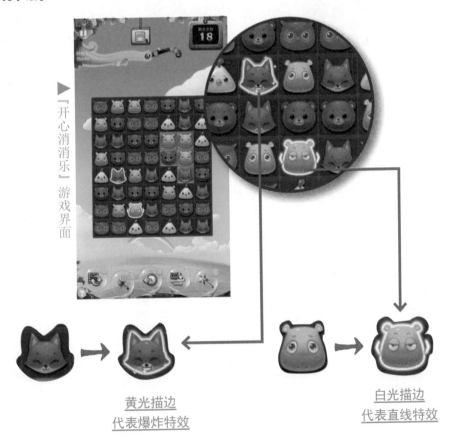

▶『开心消消乐』游戏界面

黄光描边
代表爆炸特效

白光描边
代表直线特效

给游戏界面中的元素添加描边的确可以呈现出一种光效的视觉感受，就如同太阳周围的光晕一般，描边也可以给游戏中的元素增添光感，然而却需要注意对描边颜色的选择，并且只有描边不够，还需要设计合理的对比，才能让光效更加明显，如下图所示。

背景颜色与描边颜色
对比鲜明，光效明确

背景颜色与描边颜色对比较弱
光效的视觉体验也较弱

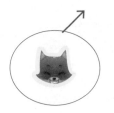

黄色与白色是两种最为常见的
光的表现色彩
因此使用黄色与白色的描边
代表光效较为合适

虽然与背景颜色对比明显
但黑色与灰色不是常见的光的表现色彩
这样的设计很难让用户感到"光"的存在
或者会觉得"光"的色彩表现过于怪异

法则小结

　　可以通过添加描边给手机游戏中的元素增加光效，但需要注意对描边颜色的选择，以及描边颜色与界面背景颜色之间的对比度调节。

法则二　　放射状设计形成光芒感

我们经常会使用"光芒四射"去形容发光体，因为光芒通常会产生一种呈线条状向四周扩散发射的视觉效果，如下图所示。

灯光的光芒

太阳的光芒

艺术化处理的太阳

四射的"线"代表太阳的光线

因此，在表现一些发光体时，通常也会利用"线条"元素去模拟和再现发光体的光线，并将这些线条元素呈四射状分布，从而表现出发光体的光芒感。

例如，如左图所示的经过了艺术化处理的太阳，便是利用周围四射的线条表示光线，从而形象地表现太阳的光芒四射感。

这种艺术处理手法同样也可以应用于手机游戏界面的视觉设计中。例如，在本章开头提到的"天气爱消除"游戏的选关界面中，使用具有动感的闪烁特效代表被选中的关卡，如右图所示。可以看到，特效是由四射的线状色块构成的，让云朵如同在发光一般，给闪烁的特效增添了光感体验。

四射的线状色块让云朵有了光感

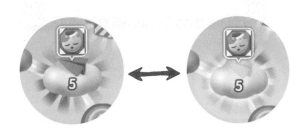

在提示用户获得成就与奖励的游戏界面中，可以通过添加特效的方式去突显奖牌金灿灿的视觉效果。此时若在背景中添加放射状的元素组合，其所带来的光感体验能让奖牌的闪耀感更加明显，在一定程度上增添了界面中光效的视觉表现力，同时也渲染了一种获得成就与奖牌时的荣耀氛围，如下图所示。

『开心消消乐』获得成就界面

▲"全民切水果"获得成就界面

背景中增添了四射的"光线"突出了一种获得成就后的荣誉感与闪亮感

使用乐乐玩20局游戏

法则小结

放射状设计能够带来一种光芒感，可以用于手机游戏界面中突显光感体验。

法则三　舞动光效带来华丽享受

　　"QQ炫舞"这款PC上的舞蹈类游戏除了具备良好的操控体验以外，其真人比例的角色设定、充满真实感的3D画面、精美的界面画风也让不少用户深深迷恋，这其中光效的应用可谓功不可没。如下图所示，给游戏中正在舞蹈的人物角色添加手光与脚光，能让角色成为场景中的夺目焦点，随着舞姿挥动形成的光效也为游戏增添了华丽的氛围。

没有手光与脚光特效的游戏人物
显得较为单调

添加了手光与脚光特效的游戏人物
显得光彩炫且

『QQ炫舞』游戏界面

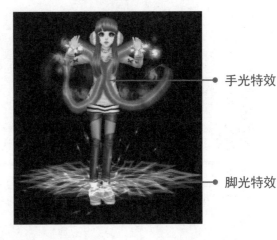

手光特效

脚光特效

　　这种光效也同样适用于手机游戏的视觉设计。智能手机中的"全民炫舞"游戏也是一款舞蹈类游戏，其特效设计便围绕"舞蹈"这一主题，在人物角色上添加光效，以让游戏界面的舞蹈感更加抢眼，如下图所示。

『全民炫舞』游戏界面

手光特效

脚光特效

脚光特效不仅能让人物角色与游戏界面更具视觉表现力，还可以与其他角色形成对比，以提示用户正在操控的是哪一个角色。

『全民炫舞』游戏界面

人物角色的手光特效随着手臂的挥动而舞动，不仅在视觉上丰富了人物舞蹈的动态表现，也给界面增添了绚丽感。

法则小结

　　在给舞蹈类手机游戏添加特效时，为了突出人物角色舞蹈的动态与炫目感，使用与游戏中的人物角色紧紧相连的特效——让光效随着游戏人物的舞动而舞动，这样的设计能让游戏界面更具华丽的视觉享受。